◉ 商务新知译丛 ◉

THE ENGINEER'S CONSCIENCE

工程师的良知

〔英〕梅瑞迪斯·W.思林 著

孙祥燕 译

潘　涛 审校

商務印書館

2013年·北京

目　录

我的父亲思林教授

苏·克拉佛（Sue Kalaugher）

人们都叫我父亲“梅德”，他的全名是梅瑞迪斯·伍尔德里奇·思林（Meredith Wooldridge Thring）。他于1915年在澳洲墨尔本出生，四岁时返回英国。玛文学院（Malvern College）毕业后，他拿到数学奖学金、进入剑桥三一书院就读。1937年，他在数学与物理两项学科都拿到优等。拉塞福阁下（Lord Rutherford）愿意提供他奖学金，让他在卡文迪研究所（Cavendish laboratory）攻读放射线方面的博士，不过他却比较希望“走进世界”。这个决定的意义，也让他后来大松一口气的，就是他得以避免在战时跟“原子弹”的研发扯上关系。

毕业后他加入了英国煤矿利用与研究协会（British Coal Utilisation and Research Association，BCURA），成为燃烧实验室的负责人，他进行的计划中，有一项是要让车辆改用木材生产的发生炉煤气（producer gas），以便在战时节省汽油。1946年，他成为伦敦英国钢铁研究协会（British Iron and Steel Research Association，BISRA）物理部门的主任。1953年他受指派担任雪菲尔大学燃料技术与化学工程系的系主任。受纯科学家训练的他之所以转而投入工程，是因为他希望能改善大众的生活。这个时期他有兴趣的包括了遥控采矿、磁性流体动力学、消防机器人，以及家务机器人，这个想法可掳获了热门媒体的注意力！

1964年他转任伦敦大学玛丽女王学院机械工程系的系主任。在这里他研究的是沙立窦迈病童的辅具、低动力拖船的新推进方法，还要经营管理整个系，以及教学。他首开风气地开了一门新课，名为“如何发明”，而至少有两位学生报告说“改变了他们的一生”。他的许多学生都站上了名声响亮的位置，而全球各地许多他教过的学生，想起他都是既感念又爱戴。

父亲是个有远见的人，也乐见他对未来的预测所引起的热烈争论。他写了很多书，有关于技术主题的，也有关于他的工程哲学的。他在晚年时对于世界的未来局势非常担忧。早在这件事成为全球议题之前许多年，他就已经开始思考这个问题了。在这方面，还有其他许多事情上，他都领先了自己的时代。他聪颖过人，而对自己的观点也十分坚定，他认为，工程师一定要有良知，才能协助实践可持续发展（永续发展）。他期许如今掌握到可更新能源技术的那些工程师，能让全世界都分享到这些技术。尽管他清楚了解西方国家消耗了太多不该他们使用的世界资源，他还是怀抱希望，希望借由坚定的管理，找出解决方案。

1948年，他成为国际火焰研究基金会（International Flame Research Foundation）的创办人之一，这个基金会后来也成为最庞大、最成功的国际研究机构。他是工程研究会（Fellowship of Engineering）的创始研究学者之一，这个单位后来成为伦敦皇家工程学院（Royal Academy of Engineering，London）。他是物理研究中心的研究员，也是燃料研究中心的研究员（亦曾担任主席一职）。他还是电机工程学会（Institutions of Electrical Engineers）的研究员、化学工程学会研究员、机械工程学会（Mechanical Engineers）研究员，以及能源研究中心的资深研究员（一度担任主席）。他是许多公司的顾问，包括多尔曼—朗公司（Dorman Long）、壳牌石油公司（Shell Oil Co.）、ICI，以及意大利的Montecatini Edison公司。1964年，他获颁剑桥大学科学博士学位。

退休之后，父亲还是跟以往一样认真工作，照样写书，并努力设法改善非洲居民的生活方式。他创办了慈善机构“动力辅助”(Poweraid)，并资助坦桑尼亚的一个村落。他在奈及利亚也很活跃，去了拉哥斯（Lagos）好多次。他最喜欢的技术之一，就是叶片分馏技术，是一种可以把植物叶片中的可食用蛋白质萃取出来的技术。他热切希望能把这项技术应用在村庄计划上面，把维多利亚湖中的布袋莲（water hyacinth）变成食物，他也因此成了乌干达总统穆塞维尼(Musoveni）的顾问。他的热情不灭：他希望，科学与工程能对全世界所有人的生活都有积极正面的贡献。

思林教授的启发

庞　廷

英国发明家及工程师思林教授（Professor Meredith W. Thring，1915—2006）在1960年代担任伦敦大学玛丽皇后学院机械工程系主任。他开办了“发明性设计”课程，强调发明的创造力并不只是与生俱来的，而是通过后天培训也能达到的。

“Engineer”一词源自拉丁语“Ingenium”，意为天才的创意。思林教授的见解，可谓对此名称做了更深层的注解，也使当时在其门下的我深受启发。

毫无疑问，工程师能为社会带来进步。工程设计为现代工业的核心，而工业的蓬勃是促进经济发展的重要因素。但不当的设计或运用也能带来损害，所以工程师对社会有义不容辞的责任。

思林教授于1970年代出版了*The Engineer's Conscience*（本书英文原版），呼吁工程师在设计时不能只顾提高生产率，而必须兼顾社会责任和减少浪费资源。2006年春，我有幸与思林教授再度会面。91岁高龄的他头脑依旧敏锐，一语道破了当今世界的一个关键问题：“人们花的是并不拥有的钱，买的是并不需要的东西”，意指透支与浪费。

18世纪的马尔萨斯（Thomas Robert Malthus）在其著作《人口论》（*An Essay on the Principle of Population*）中预言了一个灾难，即农业生产最终会被人

口增长超越。这预言迄今并未成真。这是因为不断发明与改良的机器与技术提高了农业生产的效率。然而，工业文明亦严重消耗了地球有限的资源和造成对环境生态的破坏。如果我们继续不断透支和浪费，不努力遏止对环境的损害，那么灾难也许真会来临。面对这些工业发展带来的种种问题，工程师必须秉着思林教授所言的良知和对社会的责任，发挥创造力来解决问题及避免灾难的发生。

本人从思林教授的教诲中获益匪浅。我的五项轧钢专利发明，已经成功应用于我家族中的钢铁厂，有效地降低了材料和能源所需。工程师的创意加上环保意识不仅能减低能源的消耗，还能增进经济效益。

我承蒙思林教授允许将 *The Engineer's Conscience* 用中文出版发行，也就是本书——《工程师的良知》。除此繁体中文版外，简体中文版也在筹划中。中国是现今全球发展最快的经济体，并已开始致力于环保的建设。本人深信思林教授的信息会在华人世界获得共鸣和重视。谨愿此书能启发和鼓励更多人，尤其是仍在求学中的青年，立志成为具使命感的工程师，为全球环境生态和人类福祉作出贡献。

（本文作者庞廷（David Teng PONG）曾受业于思林教授，现为香港工程师学会院士、英国机械工程师学会院士及英国工程及科技学会院士。）

导　读

站在工程大师的肩上看世界

李焯芬

本书作者思林（Meredith W. Thring，1919—2006）长期研究能源及燃料科技，对人类社会未来的能源供应特别关心。他于1974年出版了《能源与人类》（*Energy and Human*）一书，主张合理地使用有限的能源资源、控制工业化带来的污染，这样人类社会才可以持续发展。1980年，他又出版了这本《工程师的良知》（*The Engineer's Conscience*）。

作者是怀着对社会未来发展的一份关心和强烈使命感而写成这本书的。他从工业革命对人类生活的影响谈起：在第一章里，作者回顾了工程技术为现代生活动力（特别是物质生活方面）所带来的各种重要的改善和便利，同时也指出了一些负面影响（例如环境破坏、矿产及能源资源的过快消耗、毁灭性战争武器的开发等），令人担忧人类正走向灾难。作者在书中所用的“工程”这个词汇，其实是泛指现代科技。

第二章承接第一章的推理，预测了人类社会日后将面临的危机，并担忧如果危机不能解除，人类社会将走上毁灭之路。作者成书于1980年，而他特别关注的时段是成书后这30年间，亦即是1980至2009年这段时间。他担心在这30年间，地球上的能源资源会耗尽、环境污染会恶化、地球上越来越多的地方会沙漠化、暴力犯罪及失业等社会问题会不断增加。作者的这些预测都是十分有远见的。他也担心世界人口会在 30 年间暴增至 80 亿，第三次世界大战也将爆发。幸而这两个情况都没有出现。已开发国家的出生率已经明显下降，而在某些开发中国家（例如中国）的大城市里，出生率也开始下降。当前世界人口约为 67 亿。

第三章指出，为了人类社会的持续发展，并避免走向毁灭之路，人类必须学会节能。而控制世界人口的最有效方法，则是提高教育水准、改善生活条件。

在第四章中，作者以专家的角度剖析了节约使用石油、天然气、煤等资源的必要性，并指出我们应大力发展再生能源（例如太阳能，风能等）。这是极有远见的。作者也提出已开发国家和贫穷国家之间的耗能差距应逐步缩小，反映了他对贫国和弱势社群的一贯关注。

第五章检讨了可能运用在运输领域的各种节能措施。作者主张少用小汽车、多利用便捷的公共运输和铁路系统，并多多利用自行车。未来的汽车应使用无铅汽油、减少噪声和污染。他也主张减少新闻用纸对木材的需求。总的来说，作者认为未来的方向应是节能环保，这也正是我们今天的共识。

第六章提出了科技界必须选育出新的农作物来养活地球上不断增加的人口，同时应开发更节能的农业机械。富国应帮助穷国解决粮食问题。作者亦十分关注海洋渔业资源的耗尽，砍伐森林引起的水土流失和水灾，以及人口的不断增长为生态环境带来的沉重压力。

第七章提出了未来社会应以人为本，提供更多人性化的服务；工程界应为环保节能作出更大的贡献（包括防污、安全、回收利用、可再生能源等）；农业应回归劳动密集的形式，以更节省土地和原料的方式耕种；推动手工业生产，让人们更乐于使用寿命更长的家具、衣服、玩具等生活用品。换言之，珍惜有限资源、返璞归真。

第八章主张工程师应和医生建立全面伙伴合作关系，为社会提供更高质量的公共卫生设施，提高医疗水准，例如提供义肢、心律调整器、人造肾脏、关节装置、全身扫描机、助听器等技术。这正是近代医学工程（medical engineering）的发展方向。

第九章检讨了工程师的社会责任和道德准绳。作者希望工程师及科技工作者认真地反思道德操守方面的问题，例如：科技应谋求企业的短期利益、还是人类社会的长期利益？我们需要的是更快的汽车、还是更节能的汽车？科技人员应否把专长用于开发杀人更有效率的战争武器方面？他希望工程师能更关注自己的社会责任，注意科技发展所能带来的负面影响，千万别丢了自己的良知。

尽管30年过去了，但这本书中指出的各种课题，至今仍有很大的现实意义，很值得我们思考。作者的远见绝大部分是正确的、准确的、极具前瞻性的。

事实上，时至今日，工程技术人员的社会责任和人文关怀是越来越重要了。我们生活在同一个地球村内。一项工程的实践，往往能引起社会的关注和反响。“以人为本”正是未来工程技术发展的一个重要方向与必经之路。

感谢绍荣钢铁公司的庞廷先生在繁忙的公务中，仍抽空推动出版这本很有意义的著作；这也反映了一位资深工程师的社会责任感和承担。

（李焯芬系香港大学专业进修学院院长，中国工程院院士。）

第1章
工业革命对人类生活的影响

工程是工业革命最根本的要素，所以工程师应对工业革命的影响负上最大的责任。

1.1 高科技与人性化科技

每一个在校生都期望在今后的40年中能有所作为。假设我们能建造一座威尔斯(H. G. Wells)所假想的时间机器,并将时间之旅的终点设定在2020年,那么,当我们走出时间机器时,会看见什么呢?幸好未来并非已经完全预设好,而是会受到人类判断力的影响而改变;否则,我们一定会发现自己的文明已是断瓦残垣。毫无疑问,种种迹象表明我们的文明正踏上过往古老文明走向自毁之途。导致这场灾难的原因包括:

(1) 有越来越多的工程资源投入武器研发;

(2) 廉价工程所导致的事故和污染;

(3) 缺乏远见,对诸如石油之类稀有资源的浪费;

(4) 工程资源集中在太空计划、协和客机以及核能等面子工程上,但世界上却还有一半以上的人口完全没有享受到工程学的任何实际好处(例如卫生设施、环境卫生、排水、灌溉和舒适居所)。

第三次世界大战、全球饥荒、瘟疫,或是治安彻底瘫痪、每个人都得随时准备为自卫而杀死邻居……这些潜在灾难是无法仅靠工程师来避免的。但从提过的例子中也看得出来,在人类将自己推向灾难的行为中,把工程技术用于非人道或短视的用途,是其中最主要的一个因素。因此,我们的文明若想走出灾难的阴影,到达全人类都能过着平静与自我满足生活的明媚高地，培养工程师的良知势必不可缺少。

有良知的工程师，会考虑他的所作所为对全人类生活以及大气层的长期影响。

高科技是工业革命对科技趋势的外推结果，已远远超出要为发达国家居民提供满意的生活所需；这种过度发展特别发生在二次世界大战后的30年间。就像工业革命一样，基本上这也是工程师一手造成的（参见第1.2节）。

高科技在民用设施的应用有：

(1) 远远超出人类真实需求的速度提升：超音速客机，但事实上，花在陆地上那短短几英里的时间比花在天上几千英里的时间更长；时速150英里的列车；时速达250英里的气垫船和汽车。

(2) 家庭用于购买寿命很短的资本财物的支出越来越多，而这些物资也已取代了传统技艺和自力更生。

(3) 工厂规模越来越大，也越趋复杂，自动化程度越来越高，运用更多机器人、电脑和微处理器。这导致失业，使得剩下的工作特化程度越来越高，也降低了人们的成就感。

(4) 越来越倚重大型中央发电厂，而电厂的问题就是电力配送和停电。

(5) 城市规模越来越大，上班路程也相对增加。当今潮流已摒弃摩天大楼和高层公寓，因为一般人都反对这种住宅的不人性。这些都是工程师发明电梯、钢筋混凝土建筑骨架的后果。

(6) 已开发国家将大笔资金用于太空火箭、核能发电厂和心脏移植，而要用于学校、医院或是帮助未开发国家的资金却没有着落。

运用在军事领域的高科技，有洲际弹道飞弹、归向型飞弹和百万吨的核弹。

高科技应用的特别极端例子则有：

(1) 用火箭在零重力条件下制造纯物质的提议。（“Skylark, Smithy in Space”, *New Scientist*, December 1977, p. 556）

(2) “太空婴儿”，《泰晤士报》驻莫斯科记者于1978年9月18日报道了俄罗斯让人类在太空降生的一个计划。

(3) 巴黎—斯特拉斯堡高速公路让人呵欠连连,所以在沿线竖立起颜色鲜明的图腾柱好让驾驶人保持清醒。

因此,工程师必须接受:对工业革命和高科技带来的好处和坏处,都要承担很大责任。工程师没有权利说:“是政客命令我的,所以我不必负责”,像当年纳粹在伯森的指挥官一样。因为只有工程师能预见自己计划的发展会带来的具体后果。本书的首要目的,是为了帮助工程师培养自己的良知,让他能在自由范围内选择希望工作的机构,以及准备为该机构做的事。

当然,本书也是本人就一个有良知的工程师,如何能利用自己的技能来改善大众生活的观点与结论(也尽量以事实与引用其他作者的言论来做后盾)。因此,我将不得不涉及其他领域,提出如“就个人而言,美满的生活究竟是由什么所构筑而成?”还有“生命的目的到底是什么?”这类往往被认定不该工程师烦恼的事。在这些有关良知的问题上,没有黑与白、没有明确的结论与定义;而是极其主观,比如我在第三章对“生活品质”所下的定义就是如此。然而,当工程师在面对像是加速更快的汽车比较好,还是安全性更高的汽车比较好这类问题时,就必须考虑这些主观问题。

我并不是要建议你相信我说的话,但我希望激发大家去思考这些重要问题。佛陀有言:“莫执诸言语,亦离我所言”,那么对于凡人的著作,就更应该抱持这种怀疑态度来读了。将自己观点强加于他人的“为善者”,就长远来说,远比一个拥有绝对权力、毫不掩饰的坏蛋为恶更甚①。因此,我并不是说每个人的良知都能达到我在这里作出的结论,但我建议每位工程师都有责任替自己思考这些问题。

高科技对人类生活的影响,已使众多有识之士忧心忡忡,我将在此举出三个领域:

首先,工程师在发展可摧毁人类及其家园、职场的毁灭性武器方面,获得卓越成就。这显然是非常复杂的问题。比方说,多数人都会同意希特勒就像疯狗,必须用武力阻止。相反地,目前的我们并没有资格作出那样的评论,而根据斯德哥尔摩国际和平研究中心(Stockholm Peace Research Institute，SIPRI）的资料，世界上约有百分之四十的科学家和工程师，正直接或间接从事毁灭性武器的相关工作。同样是事实的还有，如果不是军事上对核弹有所“需求”，也就不会在核能发电上投入巨大花费；还有，如果不是对洲际弹道导弹有所“需求”，苏联、美国也就不会在太空研究方面有所发展。毫无疑问，一位多年致力于开发毁灭性越来越强大武器的杰出工程师，会丧失人性，良知也彻底瓦解，以至于当他在估计对人类与其家园的破坏时，毫无怜悯之心可言。而且，他也很可能成为“鹰派”，单纯因为开发他所痴迷的这种高科技产品，能使他大发横财。这么一来，武器的升级占一国收入的比重越来越大，而医疗服务和教育体系却得不到改善。甚至已经达到想安全销毁积压的武器都不太可能的程度了。

第二个需要工程师投注更多良心的，则是未开发国家的需求，特别是处在饥饿边缘和遭受灾害地区的需求。有些问题应该要本着良知来处理，像绿色革命是以石油为基础，但贫穷国家买不起石油，而发达国家使用这种资源的方式，却只能以奢侈浪费来形容。

关于工程师良知的第三方面，则是机器设备对环境、对人类自由选择生活方式的破坏：空气、水体、土壤污染；噪音、野生动物遭消灭、农田为了储水却铺上水泥峡谷，最终会丢失了地球的美景。从短期利益出发，这一切都还算让人满意，要清理干净人类乱搞的结果，花费是昂贵的，而我们的经济体系又要求生活水准要持续增长。有许多人，特别是年轻一代的有识之士，对工程的负面结果相当反感。不少情况下，这种反感会导致相当极端的行动，如诉诸暴力、建立与世隔绝的小社群，或是发展“基进技术”（Radical Technology）②，也导致许多青年才俊不愿选择工程为志业。

在美国、英国和其他国家，都已经设有远离化石燃料、核能和大工厂的人类生活中心，也都得到了极有价值的成果。然而，不幸的事实是，如今世界上已有那么多人口，如果回归到工业革命前的技术水准，必定无法提供充足食物、舒适住房和蔽体衣物等人类日常所需。此外，工业革命带来了许多大幅改善居家生活的事物，比如有玻璃窗与电力照明、舒适而不漏雨的房屋、整体环境卫生工程、医疗器械和药品，还有交通与通信系统。

所以，我们无法退回到工业革命前的科技水准。的确，大多数基进技术社群最终都采取折衷方案，像是用风车来驱动大工厂制造的发电机。有些必须大量制造的物品，比如冰箱及真空吸尘器，对人类生活有相当正面的贡献，如果这些产品使用寿命够长，就不算过分消耗资源。我想我们被迫接受这样的结论：真正的基进技术并不能解决我们的问题，除非世界人口可以回到工业革命前的水准、并舍弃工业革命为人类带来的真正好处。

相反，高科技的未来发展必然会背离令人满意的生活方式。高科技是基于以下两个假设：某些人可以享有不断提高的生活品质，并以不断提高的速度旅行。这就需要以指数成长的人均能耗（每年 2%～4%），以及在金属、肥料、塑胶和其他复杂材料消耗量上面的相对增加。这也意味着人类将越来越倚重电力来运转电梯、冷藏食物、为水加热，并倚赖汽车搭载我们到更远的地方工作。但最重要的是，这是以长期、指数性质的经济增长理念为基础的。因此，政客和经济学家常常告诉身为工程师的我们，必须让生产力（一个工人在工厂每小时的产出）有每年 4%的增长，以保持生活水准的持续提升。而这又是立基于以指数增加的化石燃料与其他原物料的消耗。不断追求经济成长和便宜所导致的必然结果，使得工程师被迫只求方便，品质与安全的标准却不受重视，因而不升反降。

人性化科技可以定义为“把人当回事的技术”，借用舒马克（Schumacher）的著作③《小即是美》的副标题，也就是一个把人当回事的经济学研究。在这个关系中的“人”指的是一般大众，而不只那些负担得起昂贵工程产品的人。由此，人性化科技或人性化工程，就是将工程师的智慧与技能应用在为全世界人民提供足够生活水准的问题上，以便让人类充分发挥所有潜力。而这一点必须立足于人类与环境能长久和谐共处的均衡经济之上。此外，所有正常人都应该有足以利用自身长才及大部分精力的有趣工作，让他们能得到这样的生活水准，就像我们在第七章所应该思考的一样。

我们在这本书中应该设法解答的问题，是如何能发展人性化工程，从而以有限的地球资源（特别是土地、淡水、清洁的空气和矿物），来满足 80 亿人这样的生活条件，而在同时也必须保留足够的荒野与物种，免得我们这颗行星的自然生态系统被人类彻底毁灭。也必须减少各种污染，要到检测不出对人类与动植物有任何长期影响，也观察不到的程度。

已经有许多著作、也有许多学会成立来研究这个主题（参见本章末附录）。本书的特别作用，就在于希望从有良知的工程师角度来研究这个主题，并将这项资讯提供给踏入工程师领域、亟需这项知识的年轻人。他们需要这些资讯，来理解自己日后作出的关键决策会对我们的文明有什么影响，并且尽可能积极确保做出正确的选择。

许多对科技化文明的未来十分关切的人，和我一样也是大学教授，因为我们的工作是协助年轻男女为他们 40 年的职业生涯作准备，这也让我们负担起考虑未来的重责大任。

齐泽姆（Anne Chisholm）在其著作《地球哲人》（*Philosophers of the Earth*）一书④中记述了自己与 18 位生态学家的讨论，他们都非常关切现今的生活形态对生态的影响。另一本也密切关注这个问题的书是《英国能生存吗？》（*Can Britain Survive*？）⑤。密向（E. J. Mishan）在前言中写道：

> 我们还应该对政府施加更大的压力，让政府的政策由盲目追求经济成长，转向以生态稳定与社会福利为准绳的政策，也就是说，由追求经济转向追求生活品质。

1.2 工业革命的工程特征

工业革命发生的原因是多方面的，而之所以会从英国展开，自有其政治、社会与技术方面的因素，但其中最基本的，则是工业技术在金属冶炼和机器方面的进步。《新教伦理与资本主义精神》(*The Protestant Ethic and the Spirit of Capitalism*)[⑥]中提出，在英国，工业革命有很大一部分是单一群人的贡献，也就是那些不信奉英国国教的人，对他们来说，努力、积极地工作，就是他们信仰的精髓。梅多斯(A. J. Meadows, *The Industrial Revolution*)[⑦]则提出，工业革命会发生在英国，而不是人口三倍的法国，是因为会限制全国性运动的老式劳动力组织系统，在英国早已销声匿迹，而且英国的铁矿和煤矿距离相近、开采也较便利。1958 年版的《大英百科全书》也指出，英国拥有与新大陆贸易和外交的经验，但也同样强调了英国有充裕的煤矿。李(Desmond Lee)[⑧]说，工业革命没有发生在古代世界，很大原因是手工劳动都是由奴隶负责，被视为有失身份，所以没人有兴趣加以改良。他强调，新能源蒸汽和新燃料焦煤是工业革命的两大基石，也因此才有可能制造出充足的铁。

一般认为工业革命始于 1750 年左右，而达比(Abraham Darby)则率先于 1720 年左右以焦煤取代木炭来炼铁。当时英国的生铁年产量仅 25,000 吨。在那个阶段，烧炭业者已经消耗了英国极大部分的原始森林。到了1788年，英国生铁年产量为68,000吨，到1839年已经达到1,347,000吨。19世纪中叶，柏塞麦(Bessemer)和西门子(Siemens)开发出了他们的炼钢法，使我们能用大量的钢代替搅炼熟铁和坩埚高碳工具钢。因此，等到工业革命真正大展身手时，这些工具已经随手可用。

另一项关键工程则是蒸汽动力的发展。瓦特(James Watt)于1769年取得了天平式动力机(beam engine)分离冷凝器的专利，并发展出一些系统，让天平式动力机的活塞不只能做往复的帮浦运动，也可做圆周运动。1785年他的蒸汽机已经应用在织布机上。史蒂芬生(George Stephenson)于1825年为"斯托克顿与达灵顿铁路"(Stockton and Darlington Railway)制造了第一个能在一个大气压下成功排气的高压火车头，使得铁路系统快速发展，大量取代了早期仰赖运河的货运系统；到了1848年，英国已经铺设了5,000英里的铁轨。动力生产在此后也有了巨大发展，加之19世纪末成功研发出固定式内燃机，驱动了多种以皮带带动的机器发展。多亏了爱迪生(Edison)在20世纪初的贡献，使得能源可以用电力形态传输，并在几百万瓦蒸汽涡轮的协助下，发展成现代的电力网系统。

1.3 工业革命带来的好处

众所周知,工业革命大大地改善了人类的生活,但重要的是要分清楚,是真正提高了个人生活品质,或是那些只不过是地位象征、必须由昂贵的广告与“赶上琼斯家”的比面子观念来推销的东西。为了当前的目的,我们应该把生活品质定义为使人类身心、感受都能发展,不受限于物品短缺和强制性的一切事物。这些可以包括:

食　物

透过制造农用机器、肥料、杀虫剂、高产量作物和良好的运输系统,工业革命为工业革命受益国的大多数人提供了足够、多样、营养且赏心悦目的食物。但同时也有许多问题:像是使用后果可疑的防腐剂、用奶粉喂养婴儿,还有铅等污染物进入了我们的食物等,第六章也将探讨这些问题。不过,这些国家已经消除了营养不良问题。

居　家

建造合理价格的住屋,已经证明可行,一个在已开发国家有份不错工作的人,就买得起舒适方便、能遮风避雨、装修完善,有好窗户和暖气设备的住屋。他们也买得起舒适但通常不怎么耐用的家具。当前的舒适水准,比200年前的王公贵族或百万富翁的水准都来得高。

健康

正因为婴儿死亡率大幅降低,所以人类预期寿命也大大提高。婴儿死亡率的降低,部分可归因于特定药物的开发,但更重要的,则是以卫生习惯与公共卫生设备为形式的预防医学,也就是工程学的影响。在健康领域也产生了许多新问题,艾利奇(Ivan Illich)在《医疗刽子手》(*Medical Nemesis*)中非常彻底地讨论了这些问题,但卫教及公共卫生以及其他预防医学措施对人类生命当然还是有极大的价值。

教育

工程师在教育的改善方面有实质贡献。首先是改良了印刷技术、降低了书籍的价格;最近又出现了电影、电视、录音机等资讯传播系统,让所有的人都能接触到来自全世界的资讯与问题。当然机器不能代替人类教师的教诲,因为人类教师和学生有直接接触,能激励学生、并个别给予反馈,但在扩展现有资料视野,并让资料变得生动活泼方面,机器则大有帮助。现有的教育体制就和当前的财富一样,缺乏奉献精神,也因此存在一个严重缺陷。学生受到的教育不要求他们自己思考,也缺乏情绪大脑(emotional brain)和动手能力方面的教育,但工程师的贡献绝对有毋庸置疑的价值。同时还有受经济利益驱动(比如收视率和报纸的销售竞争)而产生的问题,但这些发明本身都隐含有极大价值。

休闲

工厂工人、农民在生产效率方面有了巨幅提升,较工业革命前提高了 10 到 100 倍，因此大众在谋生的同时，还能有足够时间和精力尽情培养需要创意思考的嗜好、运动并参与休闲活动。因为这部分的休闲活动过多而导致的失业问题，已经变得非常严重，这将在第七章中详细讨论。

1.4 工业革命带来的坏处

以工业革命的两种产品——轿车和卡车为例，我们可以列出一张损益表。好处包括为家庭提供了代步工具，有孩子和笨重行李的时候尤其方便。而且无论天气好坏，车内始终温暖干燥。卡车则给了我们一个融合了全世界的食物、燃料与制造产业的系统。轿车和卡车的缺点则包括：神经损伤、噪音、交通堵塞、交通事故（尤其是在结冰或多雾天气）、空气污染（尤其是铅、一氧化碳和可能致癌的、未完全燃烧的碳氢化合物）、缺少运动，而且还让人必须面对漫长不便的通勤路程和漂泊无根。

我们可以为工程带来的其他诸多“恩惠”列出类似的损益表。比如说电梯对残障人士大有帮助，但也造就了灾难性的高层公寓，还有停电时一无是处的摩天大楼。电脑被誉为给人类的最大恩惠，但对普通人来说，他们本可以接受银行或行政部门应有的真人服务，却被电脑给剥夺了。即使是电力网络系统也有横跨山野的高压电塔，以及冷却塔冒出的团团水蒸气和烟囱排出的二氧化硫。我要在这一节中简述工业革命的部分坏处，不过不打算面面俱到。

环境破坏

已经有许多书专门讨论空气污染[9]。就这个主题而言,有一个问题不能不提,也就是透过汽车废气排入大气的铅。这个问题将在第五章详述。丹麦环境部提出,居住在繁忙道路附近的人可能会接触到非常多的铅,以至于"已经达到或超出卫生标准所建议与许可的空气与食物含铅量"[10]。目前也已经有人展开反对含铅汽油的运动[11]。

空气污染方面的另一个问题,是氟氯碳化物(CFC)喷雾剂的使用。瑞典农业部正禁止该国使用这类喷雾剂,因为学者认为这类化合物可能减损高层大气中的臭氧,而正是因为有了这层臭氧,才能阻止一种特定波长、会危及生命的紫外线[12]抵达地球。

第三个例子是燃料燃烧时产生的二氧化硫。有证据显示,二氧化硫会以硫酸形式沉积,有硫酸沉积的国家土壤呈酸性,也会危害植被和鱼类[13]。

虽然砷、石棉、沥青都已经证明是致癌物,而二氧化硫和一氧化碳也是已知的危害健康物质,但是几乎不可能具体确定哪种空气污染物是造成人类死亡与疾病的主因。然而,大多数的医疗统计资料只能比较普遍受污染与未受污染的空气。雷夫与希斯金(Lave 和 Seskin)[14]曾研究生活在污染空气中的长远影响。他们取得了53个自治市镇的统计数字,并把死亡率与固体沉积物指数相对照。支气管炎死亡率中的39%,被归咎于该指数;这个指数每降低10%,支气管炎死亡人数也跟着减少7%——而烟雾指数和死亡率的关联更为明显——以最大数值净化空气后,能减少70%的支气管炎死亡人数。同样地,英格兰和威尔斯肺癌数字的下降显示,如果所有自治市镇的空气品质都能改善到最佳状况,肺癌死亡人数会减少11%到44%。纽约州部分高污染地区的胃癌死亡率,是该州低污染地区死亡率的两倍多。

伦敦邮差罹患严重呼吸道疾病的比率,比小城镇邮差要高出25%到50%;而伦敦公车司机的病假比例中,有20%到35%是因伦敦的烟雾所引起。美国纳士维的婴儿死亡率，和空气中三氧化硫浓度的关联程度显得最高。雷夫与希斯金总结道，减少大城市地区空气污染程度50%，就能避免因生病和死亡而导致的经济损失中的4.5%。

噪音，尤其是来自道路和空中运输的，是工业革命所带来最细微、却也是最具破坏力的影响。第五章将详细讨论这一点。对河、湖、海等水体的破坏也不轻。DDT与其他杀虫剂和过剩的肥料自农田冲入水域，危害海洋生物，而这些海洋生物最终可能都会成为人类的盘中餐。尤其是来自含氮肥料的硝酸盐，出现在河流和地下水源，可能会引起婴儿的“蓝婴症”和成人的胃癌。1976年，由于半数水域都超过了每公升50毫克的标准，盎格鲁水务局不得不为婴儿提供瓶装水[15]。

欧盟执行委员会有一项研究显示，大量有毒或致癌物质由工厂、农田排放进入欧洲的水体，而在水中添加的氯会让其中某些物质变得更毒[16]。麦蓝比(Mellanby)[17]谈道，“我认为，我国最严重的污染毫无疑问是在水里，来自工业和处理不足的污水。”

1969年，一家化工厂排放了大量的污水，使得莱茵河在三天里死了数以百万条的鱼[18]。地中海的污染程度格外严重，因为沿岸120座城市的污水中，有90%未经处理就直接排入地中海，而地中海却无法迅速自我净化[19]。附近地区出现了病毒性肝炎、痢疾、伤寒和小儿麻痹症。当地鲔鱼体内的汞浓度是大西洋鲔鱼的3倍，而且超过了安全标准。

全球的石油外泄事件中，有超过八分之一发生在地中海，平均为每年每平方公尺108毫克，相较之下，北大西洋则是每年每平方公尺17.45毫克。地中海地区也发现了高浓度的锌。而在种植花卉的海岸地区，贻贝体内的DDT含量也越来越高[20]。

在美国，人均用水量每40年就增加一倍，产生的生活污水约为每人每天150加仑，而工业废水则是家庭污水的2.6倍。工厂排放到河流、海洋中的污染物包括：苯酚、氰化物、硫酸盐、锰、硝酸盐、亚硝酸盐、氯化物、氟化物、铜、铅、锌、铬、硫化物、汞、有机复合物和砷。尼加拉瀑布区一处占地16英亩的住宅区被迫疏散，234户家庭重新安置。因为有人在一条废弃河道掩埋了多桶化学物品，并以黏土覆盖，造成了82种化学药品渗漏，而该地区的平均流产率、血癌和癌症死亡率都为全国之最。砷是一种会累积在人体内的毒素，美国公共卫生部建议饮用水中的含砷量不得超过十亿分之十(ppb)。安吉诺(Angino)等人[21]发现，堪萨斯河中砷含量达十亿分之八，在某些清洁剂和预浸洗洁剂中的含量，甚至高达百万分之四十一。砷化物也被当作农用杀虫剂。

Tolley 和 Reed [22]采样了英国 43 个自治市镇的自来水，发现 13%的水样中铅含量高达每公升 0.11 毫克以上，以世界卫生组织的标准来看，是不应该供应给民众的。

20 年前，日本水俣湾的渔民，他们的家人、猫和当地的海鸟，都遭受严重的脑部结构伤害，追踪到的来源是某间工厂排放入海的甲基汞化合物，结果在鱼体内的浓度为正常指标的 5 万倍。农民吃了以有机汞除菌剂处理过的粮食，或将这些粮食拿来喂猪，都严重中毒[23]。甲基汞会造成先天的智力障碍[24]。毫无疑问，人们必须格外小心，无论何时都要注意汞化合物接触到鱼类和动物的可能性，因为鱼类和动物最终会被人类吃下肚去。

几乎世上所有海岸都已经被来自油轮的浮油污染。每隔一年左右，总会发生一起大型灾难，油轮失事、数千吨原油外泄。而且，虽然国际法规已明令禁止，但有些船似乎仍会在返航途中清洗油舱，并把清除物排入海中。

另一个严重的水污染问题，就是所谓的热污染。传统的化石燃料发电与核能发电，都会有 60%到 70%的燃料热能损失。形式则包括经烟囱排放的废热和规模更大的热水排放。热水可以经过冷却塔冷却，这样水蒸气和热空气就能经由大烟囱排出，要不就是直接把热水排入河流或湖泊，这在美国早已司空见惯。把水温从 55°F (约 12.8℃)提高到 68°F (20°C)，会造成水的载氧能力减低 18%，相当于把大量腐烂物投入水中，因为有机物的氧化作用需要水中溶解的氧气，也因此会威胁到鱼类生存。第四章将讨论一个既能解决这个问题，又能节约燃料的简单解决之道。

在建立水坝以提供农业灌溉、发电等水利调控之类直接、短期利益的同时，在某些案例中，却也能看出水坝确实会导致地震，因为大地不能适应承载这些水的重量[25]。亚斯文高坝(Aswan High Dam)虽然造就了300万英亩耕地,但却以多种方式打乱了整个地区的平衡。原本泛滥期会带来的沉积物,现在全沉淀在大坝,而三角洲地区的三个淡水湖都面临了严重的毁灭危机。大坝也影响了尼罗河和地中海沿岸的渔业,因为大坝阻断了来自河水的营养水流。灌溉面积也扩张了[26]。

阿加瓦尔(A. K. Agarwal)[27]指出,印度南部 Nagarfunasagar 大坝周围地区水位上涨,已使土地碱化,并打破了微量元素平衡。主食为高粱的族群所摄取的钼因此增加,并造成年轻人口的骨骼损伤病症暴发。

对于土地,我们同样毫不关心。开采煤矿和瓷土矿坑堆起的废土堆和废弃采石场,散布在英国各处。在德贝夏的老铅矿和萤石矿地区,甚至还有露天矿井。英国许多地方,特别是布莱克地区(Black country,亦译为"黑乡")和南威尔斯,还散布着废弃工厂,因为回收开发这些土地经济效益不彰。

把危险工业废料倾倒在土地上已导致多起威胁健康与生命的事故。有一种为人所熟知的污染物是来自电镀工厂的氰化物,就像偶尔会发生的状况一样,氰化物若和酸混合,将释放出致命的氰化物气体。也有人乱倾倒高浓度的酸,在德国一处垃圾掩埋场甚至还发现了钸(含量达到相应氰化物的 10^{-10} 即能致命)。荷兰非常重视土地污染问题,因此用大型焚烧处理船(MV Vulcanus)在北海上绕圈航行,焚烧处理毒性太强、无法在陆地上填埋的垃圾[28]。毫无疑问,在真正的人性化社会里,这类废料一定会经过适当的化学处理后完全回收,避免跟别的东西混合。

工业革命对当前人类生活的破坏

最近200年来,工程师的发明使得士兵的生产力(以他每小时所能杀死的人数和所能摧毁的房屋数量来计算)提高了1万倍,这么说一点也不夸张。同时平民工人的生产力也提高了约10～100倍。日本在经过原子弹爆炸之后,有证据、也有之后进行的大气测试显示,每一个在爆炸后出生的新生儿,体内都有部分的钙被放射性的锶所替代[29]。同样地,如果此刻洲际弹道导弹弹头里的一小部分核子炸药在战争中发射了，那么放射线将飘散到全世界，而往后人类和动物的所有新生儿，都极有可能先天畸形。然而工程师继续设计、政府也继续制造更多的恐怖武器，只因为政府不愿让对手领先自己。的确，上次世界大战结束已经超过 30 年，我们只发生了小规模的战争，最可怕的武器也没有派上用场。然而，已开发国家正忙着出口核能发电厂和各式各样精密军事机器给任何付得起钱的国家。只要是有识之士一定都会意识到，这种局面很容易导致大屠杀。

另一个主要问题与战争风险有密切关联。这是因为已开发国家大力协助未开发国家解决问题，希望能让他们也享有工业革命带来的好处，却彻底失败。这当然造成了危险的情况。不是因为未开发国家能买得起武器和燃料来攻击已开发国家，而是因为“没有”的国家对“拥有”的国家（把地球有限资源拿来随意挥霍的国家）的嫉妒，正不断引发小规模战争，这些战争都有迅速升级、牵涉强权加入的可能。

富国没能帮助穷国，其原因有二：

其一，尽管富裕国家的未来必定要奠基在这一点上，但他们却不愿意对自己的生活水准做任何实质牺牲。从一项事实就可以看出这一点：美国在 20 年间给予印度的援助，相当于越战时一个月的花费[30]。毫无疑问的，就算是像英国这样相对来说比较小的国家，如果能重新调整自己在所谓的防御方面的研究技术、制造业资源与金融研究，转而投入协助印度这类国家的话，就能在几十年内作出重大贡献。

其二，富国没有帮对忙。正如舒马克在《小即是美》一书中所指出，穷国需要的不是食物，而是用来种植作物或捕鱼的器具，而且这些工具也不能是适用于英国这类国家的高能耗精密工具。第六章将详细讨论这个问题，而这也是工程师可以有所贡献的问题之一，只要能先去研究这些国家到底需要的是什么，然后与当地人密切合作、发展并供应诸如肥料等原物料，就能帮助他们自力更生。像是“中级技术发展团体”（Intermediate Technology Development Group）等机构的工程师已经做出许多好成绩，但想要作出任何实质贡献，他们所得到的资金支持还远远不够。

工业设计思考得不够周延的另一部分，是事故问题。的确有些交通事故可以归咎为人们喜欢超车的虚荣心，或是因为粗心而没有将路面湿滑、起雾等等因素考虑在内。然而正如奈德（Ralph Nader）在《任何车速都不安全》（*Unsafe at any Speed*）一书中所描述，汽车本身的设计就十分危险。他甚至说现代的美国汽车是“用来保护驾驶员在不可避免的车祸发生时的一套盔甲”。汽车被冠以战争武器之名，广告也着重汽车如何能在短时内加速到远远超出限速标准的速度。安全措施也不是一开始就内建在车上，而是在事故暴露出设计缺点之后才有所改善。类似的批评也可以套用在家用电器、工厂机械、渔船和采矿机械方面。在能证明机器是罪魁祸首之前，人们总假设机器是无辜的。

工程师一样也有重大贡献的，就是如今大城市居民那种没人性的生活。前面已经提到过电梯，和缺乏运动、每天要在家庭和办公室之间通勤的城市居民。有许多城市只不过是丑陋的混凝土蚁丘。生活在其中的人，要同时忍受过分拥挤、毫无隐私以及孤独的生活。他们的食物加工过度，营养已经被大量去除，在某些维生素与粗食品的例子里，又以昂贵的包装卖回去给他们。

不为后代设想

目前不论是“资本主义”或“共产主义”国家的经济和政治体系，都不可避免地走向不考虑长期后果、只见眼前利益的短期决策。常见的观点是，既然工程师聪明到能带给我们这一切，那么下一代的工程师也一定能解决他们的问题。工程师都知道这是谬论，因为现今问题的解决方式，总是以消耗越来越多化石燃料和最易开采的丰富矿藏为代价的。

第四章将详细讨论能源问题，该章也会让读者看见，我们的现行政策正不可避免地将子孙推向这么一种生活——大多数我们已开发国家居民认为理所当然的东西，特别是私人汽车和供给家用的充足电力、煤气与汽油，将再也难以取得。

谈到食物生产，已开发国家大量消耗肉类，是以相对低价向贫穷国家购买高蛋白饲料为基础，但贫穷国家的居民却没有足够粮食。此外，我们的耕作方式基本上是在轮耕与混合农作的地区发展单一作物、砍伐树篱制造出像大草原一般的田野、并使用化学肥料和杀虫剂。鲍威尔(L. B. Powell)在一篇论〈劣化的土壤〉[31]的文章中指出：

> 自《1947法案》向最基本的资源——土壤征收税赋开始，农业遭受的压力便无穷扩大。目前英国许多耕地的地力已经非常贫瘠，而且越来越枯竭。认为土地是无生命的团块，只要不断抹上化学药品就能提高产量，这种想法，是二十世纪的悲哀蠢事之一，而政府政策竟然还加以鼓励。

就和其他的农民一样，我对自己的小农场也一样做了不该做的事，原因在于：在现今的经济制度下，我如果不这么做，就等着破产好了。

最后，还必须提到一点。那些提议建造更多核裂变发电厂来解决能源问题的人，不仅是提议占用现在不成比例的高阶技术资源，更会让乡间遍布在使用30年之后，却有长达数百年时间碰不得的混凝土坟墓。他们同时也是在提议每年要制造数吨的高放射性废料，这些废料一旦埋入地底就会进入炽热状态，也必须避免接触地下水，年限同样长达数百年。目前还没研究出无须人类特别照看、又百分之百安全的隔离方式。

人类的计酬工作

过去，工匠或是独力作业、或是团队合作，对自己精心制作的成品抱持着无限骄傲，也为其优良品质负责。但工程师发展出大量生产的方法，把工匠复杂的整体工作分割成数千个独立、重复、可分别由个人完成的配件。这导致了非常悲惨的结果，也就是工匠手艺的失传。200年前，工匠或是独力、或是与小组人马合作做马车、做风车、做家具，他们在这些方面都有全面发展，他们的工作也让他们拥有心满意足的一生。哪怕在田间劳作的农人，即使工作时间很长，但直接接触动物、还有作物在大地上自然生长的过程，都能让人满足；而且每一项行动，都需要按照状况作出略为不同的反应——锄掉杂草却避开农作物，这就需要相当的技术。好农夫的技术优良一如以往，但如今只有约原先十分之一的人，还在土地上耕作。工厂工人的工作通常是远低于人类所能达到的技术水准，以至于他们做这份工作的唯一可能就是为了钱，而他们的心灵则与工作完全脱离。这样过一生会戕害心灵，因为这会使脑袋、双手和感情间本来就已经缺乏的联系更加恶化。这个问题将在第七章详细讨论。

工业革命的另一方面，是失业率失控飙高的危险。工业革命的基本原理，是每当工程师发明了新的生产机器、提高了工人的产出时，只要多付工人一些薪资，让他与家人能多买些物资，就能吸收掉这些产出。在到达某个程度以前，这种做法算是十分有效，也意味着已开发国家雇员的生活水准有极大改善。可惜，持续的经济发展和雇员实际生活水准的持续改善，终将和其他增长曲线一样，有到达顶点、然后躺平的一天。理由有三：(1)原物料、特别是化石燃料的供应是有限的，不管是总量、还是能轻松开采的量都一样。事实上，当实际的生活水准提高，那么年人均能耗就会以比较陡的年线增加，那些能取得便宜化石燃料的国家尤为明显。(2)以强势推销手法影响大众购买商品，也只有一定的空间。比如说，世界上每个大城市都塞满了私家车，与货车、公车抢道。所以马路上私有汽车的增加，只会降低、而不是增加私人驾驶的便利。同样，普通厨房里塞得进去的小家电用品，数量也是有限的。(3)第三项限制，就是消费者的常识。这点虽然因人而异，但在一定限度内，有许多人能抵挡住广告商的攻势，不去购买最新产品，或替换掉只是部分磨损了的物件。

这三个因素导致的结果，就是以能卖出多少商品来看，生产能力的提高会导致生产过剩，以及因而产生的失业问题、或是满山遍野卖不掉的汽车。

凯恩斯主义和货币主义经济体都要求持续的经济成长。工程师被要求每年要让工人生产率提高四个百分点，相当于一个世纪要提高50倍。这当然是不可能做到的。但是即使每年只提高1%生产率，也会相对的导致每年的失业率增加，而我们已经接近或达到了这个数字。

附 录

关注以科技为基础的文明之未来的协会,包括:

1. 罗马俱乐部(The Club of Rome),在本章第二、三节中所讨论到的两个世界预测模型,就是他们的成果。
2. 中等技术发展小组(The Intermediate Technology Development Group),由已故的舒马克博士(Dr. E. F. Schumacher)所创立,地址是 9 King Street London。他们出版的期刊名为《适当的技术》(*Appropriate Technology*)。
3. 整体研究中心(The Centre for Integrative Studies),纽约
4. 国家替代技术中心(The National Centre for Alternative Technology),Llyngwern Quarry Machynlleth,Powy,威尔斯
5. 地球之友(Friends of Earth),9 Poland Street,London
6. 科学的社会责任协会(The Society for Social Responsibility in Science)
7. 国际环境与发展研究中心(The International Institute for Environment and Development)
8. 帕格沃什(Pugwash),9 Great Russell Mansions,60,Great Russell Street,London. Publishes a quarterly newsletter.
9. 保育协会(The Conservation Society),12a Guildford Street,Chertsey,Surrey. Publishes a quarterly joumal,Conservation News.

仔细严谨地考虑过科技社会之未来的作者,包括:

Ivan Illich,*Medical Nemesis*,*Energy Equity*,1975 (Calder and Boyars,London).

Paul R. Ehrlich and Anne H. Ehrlich,*Population*; *Resources*; *Environment*; *Issues in Human Ecology*,2nd edition,1972 (W. H. Freeman,San Francisco,USA).

Ralph Nader,*Unsafe at any speed*,1972 (Crossman,USA).

R. S. Scorer,*The Clever Moron*,1977 (Routledge and Kegan Paul,London).

Lewis Mumford, *The Pentagon of Power*, 1971 (Secker and Warburg, London).

Barry Commoner, *The Closing Circle*, 1972 (Cape, London).

Rachel Carson, *Silent Spring*, 1970 (Penguin, London).

E. F. Schumacher, *Small is Beautiful*, 1974 (Abacus, Tunbridge Wells, Kent), *A Guide for the Perplexed*, 1977 (Cape, London).

Dennis Gabor, *Inventing the Future*, 1963; The Mature Society, 1972 (Secker and Warburg, London).

Sir George Stapledon, *Human Ecology*, 2nd edition, 1971 (Charles Knight, Tonbridge, Kent).

Kenneth Mellanby, *Pesticides and Pollution*, 1969 (Collins, Glasgow).

M. King-Hubbert, *Energy Resources* (Resources and Man), 1969 (W. H. Freeman, San Francisco, USA).

Arthur Koestler, *Janus: A Summing Up*, 1978 (Hutchinson, London).

Rebort Jungk, *Brighter than a Thousand Suns*, 1970 (Harcourt Brace Jovanovich, London).

Rebort Ulich, *Progress or Disaster*, 1972 (University of London Press).

《你的环境》(*Your Environment*)和《暗流》(*Undercurrent*)等期刊，由强烈关注文明和生态之未来的人士出版。

第2章
向下沉沦

过去的文明之所以衰败，主因是道德沦丧、过度阶层化、自救能力的下降。我们将面临下面几个挑战：粮食问题、贫富悬殊、能源短缺，以及生活品质下降。

2.1 过往文明的命运

过去几千年，有许多文明在发展至很高的水准后崩溃。据我们所知，这些文明没有一个拥有像我们所发展出来的精密技术，不过他们还是制造出了非凡而历久不衰的工艺品，比如埃及的大金字塔和人面狮身像，泰西封(Ctesiphon)拱顶和中美洲令人称奇的石砌建筑。克里特(Crete)的克诺索斯(Knossos)文明，甚至在三楼都还有排水管。其中有些文明因遭蛮族入侵而毁灭，有的遭地震、火灾或其他灾难毁灭，而某些在墨西哥的文明，毁灭原因则只是因为复杂繁冗的官僚主义不断壮大。然而，这些文明的毁灭都有一个核心原因，即整个社会体系的积极心态、气魄或民族精神的堕落或退化。这种民族精神可以说是一种伦理的凝聚剂，有了民族精神，人民才能对社会有足够的尊重、关心他人，愿意接受为维护社会稳定而对个人自由的必要限制。这就是向心力，可以战胜个人自私、贪婪和权力欲望的离心力。

罗马文明的衰落，是后人研究得最详尽的。《大英百科全书》[①]写道：

> 虽然在帝国统治的前面150年，兴盛的爱国主义或多或少代替了其他情感，但这种爱国主义逐渐衰败，并成为某些社群中的较低阶层，以市政工程、赠与、娱乐设施等名目，榨取较富裕同胞的借口。直

到富人控制的资源耗尽，许多社群本身也跟着破产，能让中央政府满意的，也只有把财政控制权交给帝国官员。然后民生机关萎缩、政治意愿降低，而整个管理与国防的重担落到了官僚的头上，而事实证明这些官僚无法胜任。当帝国心脏罗马失去了自己的节奏与平衡、当罗马失去了能传播到各省鼓舞人心的明确文化、当罗马的宗教让位给奴隶带来的数种神秘宗教、当罗马的道德标准因十多个不恰当的传统而失守、当自由时光的传统已逝而罗马文学在黑暗摸索中迷失自我的时候，罗马的子民也在绝望中背弃了她的领导。

劳里(Peter Laurie)[②]在一篇关于微处理器的应用导致失业问题的文章中指出：

我们的文明并不是第一个遇到这种问题的；罗马拥有的庞大奴隶体系(奴隶相当于微处理器)和战无不胜的军队让自己陷入窘境。因为军队在国外收获丰硕，以至罗马人无所事事。由此出现了街头聚众、竞技场暴力等常见症状。

我认为，罗马帝国衰败有三个明确因素：

(1) 思想体系的毁灭，包括文化、道德和宗教。思想体系是团结一个文明的凝聚剂；人民愿意让自己的自由受限，因为他们深知，就一个稳定社会而言，约束不可或缺。1979 年 1 月 10 日的《每日电讯报》中，就有一段报道指出我们文明中的类似衰败："伦敦救护车的救护员宣布他们将参加公营事业罢工，他们的发言人宣称：'如果有人因此死亡，那就是命该如此'。"

(2) 官僚的报告越写越多，更多委员会讨论该采取什么行动、但又不具体实施。这种现象在社会主义国家里甚至比资本主义国家更甚。负担这种状况的则是不断增加的赋税。

(3) 面包与娱乐。有了奴隶和殖民地朝贡，一般罗马公民就不必工作，还有救济金可领。使得自我激励的动力彻底消失。在我们的时代，奴隶由机器取代，越来越多的失业者可以领救济金，以看电视和足球比赛为乐，就如罗马人看竞技。我们英国有一半的食物靠进口，许多人宁可领救济金也不要辛苦工作。

因此，罗马帝国的种种堕落迹象，都能在我们目前的文明中找到。

2.2 末日预言

这一节，我将引用一些文章。这些文章的作者认真研究过当今将高科技应用于持续经济增长的趋势，并以这些趋势推论未来。罗马俱乐部(Club of Rome)的两篇电脑研究报告在下一节探讨，本节先不作引述。

倚赖不可更新资源的潜在危机

"因此佛教徒经济学家会坚称，那些以不可再生燃料为经济生活基础的族群就像寄生虫，依赖的是资本而非收入。这种生活方式不能长久，并且只能解释为纯粹的权宜之计。由于世界上的不可更新燃料——煤、石油和天然气——的全球分布极其不均、而且储量确实有限，那么很明显的，燃料的开采会越来越快，这就是一种对自然的暴力行径，也必会导致人与人之间的冲突。"

舒马克，《小即是美》，1974 (*Abacus*, *Tunbridge Wells*, *Kent*) p. 50

变革才有希望

"除非我们目前对教育、个人在社会中扮演的角色，以及对劳动力、管理和经济这三者的组织和态度等问题的想法能有重大变革，否则社会只能在那些快速累积力量的强权潮流的拉力下停滞与崩溃。我们现在正朝着灾难发展……如果社会能摒弃限制自身发展的枷锁，抛弃奉为圭臬的陈腐原则，并转而追求极为务实的思考路线，那么社会可能还有救……否则社会就只好死于工业污染、核能污染或社会污染。”

加柏，《成熟的社会》，1972（*The Mature Society*，Secker and Warburg，London）

聪明反被聪明误的人类

“我们正步入一段规模空前的人类苦难时期。纵观人类在工业革命前的漫长历史，财富的积聚非常缓慢，富有的是那些征服、掠夺的人。工业革命似乎改变了这一切，因为财富可以快速制造、不必掠夺；至少看似如此。但事实上，我们偷窃的是后代的财富。马上就要开始结算了。人之所以能挥霍，是因为他聪明，但他的放纵却让他成了傻瓜。”

斯柯勒，《聪明的傻瓜》（*The Clever Moron*），1977（Routledge and Kegan Paul，London）pp. 4 and 5

认清面对的冲击与危机

“自上次战争以降，人类已经打开了潘多拉的盒子，发现了能以各种恐怖方式将地球上所有生命毁灭多次的科技。短短几年时间，这些知识就会传播到由冒险家或暴君统治的不太稳定的小国。光凭这一点，就能得出人类活过这个世纪末的可能性不高的结论。除了军事灾难或不负责所导致的毁灭之外，也必须加上下列几种原因导致的物种灭绝可能性：无法控制的流行病（由于人类有机体无法快速适应因大规模的‘神奇’药物应用而产生的更致命的新病毒)、生态大劫(由于以人类收成为食的害虫逐渐对化学杀虫剂产生抗药性,而以这些害虫为食的动物和昆虫的生态,便遭到了无可回复的破坏),以及在先进科技制造的垃圾产品中,更缓慢更痛苦地窒息而死。"

密向,《英国能生存吗?》,1971 (Tom Stacey,London)p. 10

天灾人祸让人类重新思考未来

"幸好,过去十年来,对大灾难可能发生的这种看法,突然毫无预兆地兴起了一股觉醒。无限制的人口成长、对重大技术发明的过度利用,必要消费的过度浪费,以及因此产生的大规模污染、毒害与荒漠化大地、更别提不可挽回的核废料,终于让人开始思考可以克服这些问题的对策。这种觉醒正逐渐扩展到全球。每个人每天都会经历交通堵塞、环境恶化和道德沦丧。除非能马上采取应对措施,否则灾难迫近的程度和避无可避所产生的影响,就不会只是像猝发核子灭绝的传神描述那么简单。在这个方面,劣化速度越快,就越可能采取积极寻觅有效应对措施的手段。"

孟福,《权力的五角大厦》,1971 (Secker and Warburg,London),齐泽姆于《地球哲人》中引用,1972 (Scientific Book Club)p. 7

得不偿失

"因此我们面临了矛盾。一方面,现代人比先人更富有、更强壮、更高、更健壮、活得更长。另一方面,现代人紧张而且失眠;他无法沉思或祈祷。甚至那些更有理由满足的人也无法满足。正如富国和穷国间的差距越来越大,即使是同一个国家,赤贫和暴富人群之间的鸿沟也越来越大。"

乌里其,《是进步还是灾难?》,1971 (London Press)p. 118

忽略实际民生问题

“情况是这样的;独特的科技成就,和处理社会问题方面同样独特的无能形成对比,把人类带到了自我毁灭的边缘。能够登月、思考数学和形而上学的终极问题的我们,对民生俗事却处理不当,所以一个丑恶的故事可能很快就会以饥荒、种族仇恨和核子对决写下终曲。”

柯斯勒,《守护神的总结》,1978 (Hutchinson,London)p. 354

危机迫在眉睫

“我并不想危言耸听,但以我秘书长身份所能得到的资料,我只能下这样的结论:联合国成员国大约还有 10 年时间,来放下长期的争吵并携手合作,控制军备竞赛、改善人类居住环境、遏止人口爆炸,并提供发展所需的动力。如果在 10 年内没办法融聚这样的全球合作,我非常担忧我提过的这些问题会发展到难以控制的惊人程度。”

吴丹(U. Thant),《以人为先》(*People First*)1970,(Humanist Manifesto)

2.3 成长的极限

罗马俱乐部于 1968 年由裴彻(Aurelio Peccei)创办，宗旨是为人类面临的重大问题寻求答案。麻省理工学院的佛雷斯特教授(Professor Jay Forrester)建立了一套可以在大型电脑上运作、研究人类问题的全球模型。这些会相互影响的问题，既是技术问题也是政治问题。罗马俱乐部赞助一个国际性的工作团队，以佛雷斯特的模型来检验那些决定、进而限制这颗星球有限发展的五个因素：人口、农业生产、自然资源、工业生产和污染。研究结果发表于《成长的极限》(*Limits to Growth*)一书[③]。他们研究 20 世纪前 70 年的数据资料，来判断各种输入因素间的因果关系，再用这个因果关系，结合有关自然资源稀缺性的资讯，预测未来会发生什么状况。他们研究的因果关系简化图，请见图 2.1；世界模型标准运行结果，请见图 2.2。结论如下：

(1) 如果现在的成长趋势保持不变，那么我们星球的成长在 100 年内就会到达极限。第一个原因是资源耗尽导致工业成长立即减缓；不用多久，因为食物、医疗服务减少以及恶化的污染，将使死亡率激增。

(2) 在特定条件下，还是有可能改变这些成长趋势，并建立起生态和经济的稳定。

稳定的世界模型，示于图 2.3。它是以达到如下条

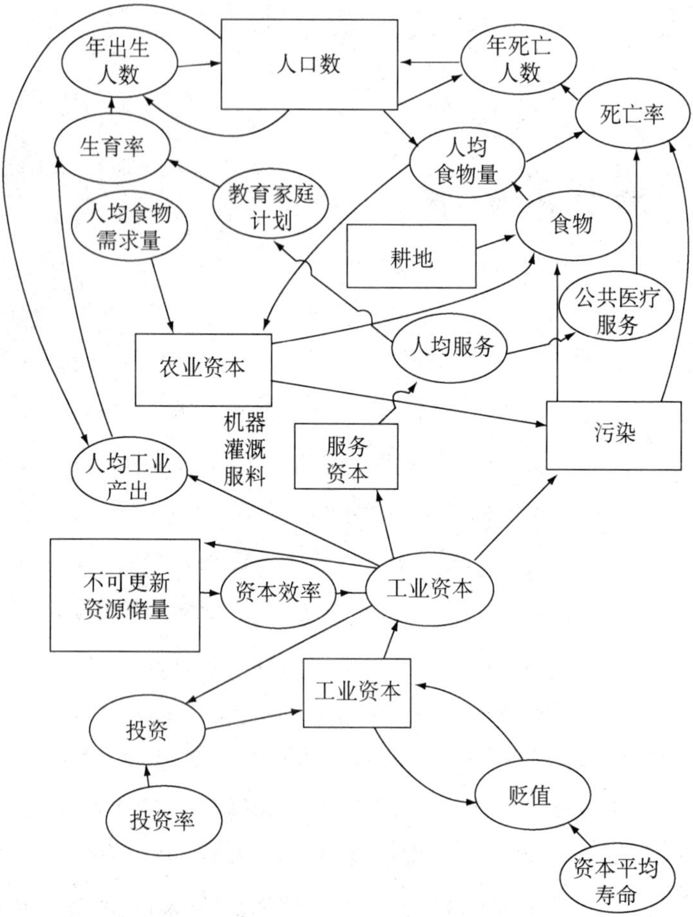

图 2.1　《成长的极限》世界模型的反馈循环(Meadows et al. *Limits to Growth*, Figs 24 and 25, pp. 97 and 100, respectively)

件为前提的。

(a)到了 1975 年时，只要能让出生率降到和死亡率相同，世界人口就能稳定④。

(b)每单位工业产出的资源消耗，要减少到 1970 年的四分之一。只要让工业投资和资产折旧等值，到了 1990 年，工业资本就能稳定下来。

(c)经济活动重心要从工厂产品转向服务(如教育和卫生)。

(d)每单位工业和农业产出所造成的污染，要减少到 1970 年的四分之一。

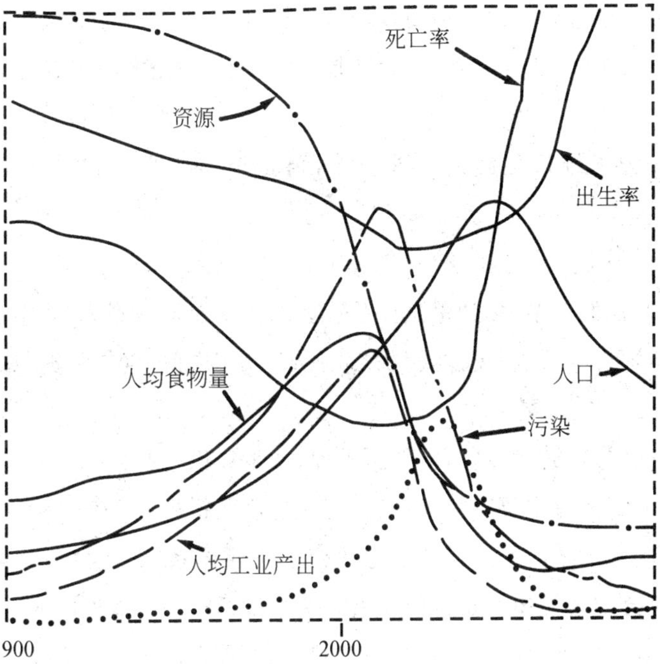

图 2.2 标准运作的世界模型

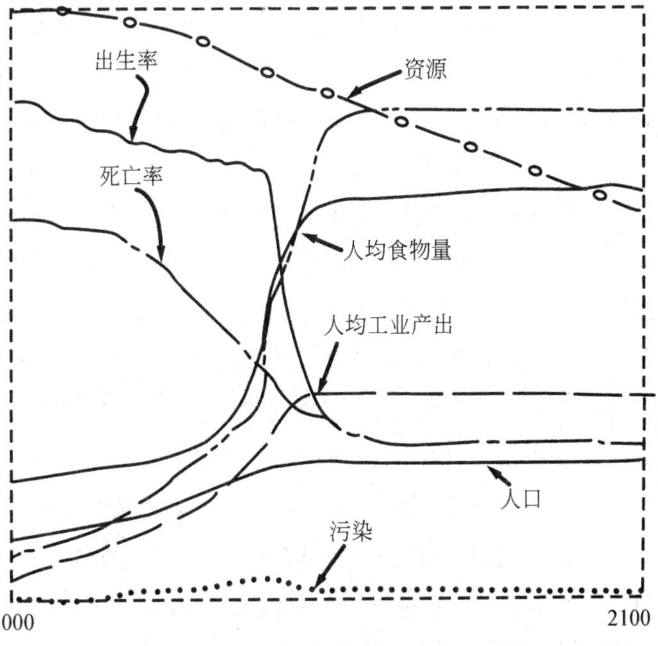

图 2.3 稳定的世界模型 1

(e)为避免穷人营养不良,即使不经济也要把资本转到食物生产。

(f)农业资本转移到土地的增肥与保养上,像是将城市有机垃圾制成堆肥。

(g)为了维持足够的工业资本,要把所有工厂都设计得耐用且易修理。

然而他们总结道,如果这些政策上的改变要推迟到 2000 年才开始实现的话,那么将无法保持均衡状态,在 2100 年之前,食物和资源的短缺就会引起死亡率上升。

其他许多书都对这本书严厉批评,如世界银行在 1972 年 9 月出版的专题研究。批评主要有两个主轴。其一,说此报告并未充分考虑到,在研究的限制发生之前人类早就已经改变了工业体系,而食物和污染等其他问题,也会因为类似的变化而解决。这个批评不怎么能说服人,因为写整个报告就是为了说服掌权者在还能挽回的情况下改弦易辙,而掌权者唯有在明确看清人类继续朝目前路线发展的可能后果时,才会有所改变。

第二个批评比较说得过去,那就是说这份报告把整个世界、特别是已开发国家和未开发国家混为一谈。罗马俱乐部的第二个电脑研究报告《转捩点上的人类》(*Mankind at the Turning Point*)⑤中,就回应了这项批评。

这个模型将人类生活的世界分成 10 个地区,1 区和 2 区分别代表北美和西欧这些最先进的国家,9 区代表东南亚这些最不发达的国家。

如图 2.4 所示,若依照目前境况发展,地区之间人均收入的差距,预测将不断扩大。他们提出,现在需很长时间才能达到生育平衡。即使是这种情况,最终人口也有 63 亿,是计算当年(1973 年)世界人口的两倍。虚线代表已开发国家人口在同时期的增加。

为了要为全球提供能源而毫无限制地不断兴建核能反应炉,在这种背景下他们总结道:假如核反应炉持续运转,那么我们在接下来的 100 年内,每周将必须建造 4 个反应炉。然后我们必须建立 3,000 个核能园区,和 8 个快增殖反应炉(fast breeder reactors,亦称“快堆”),每个发电 400 亿

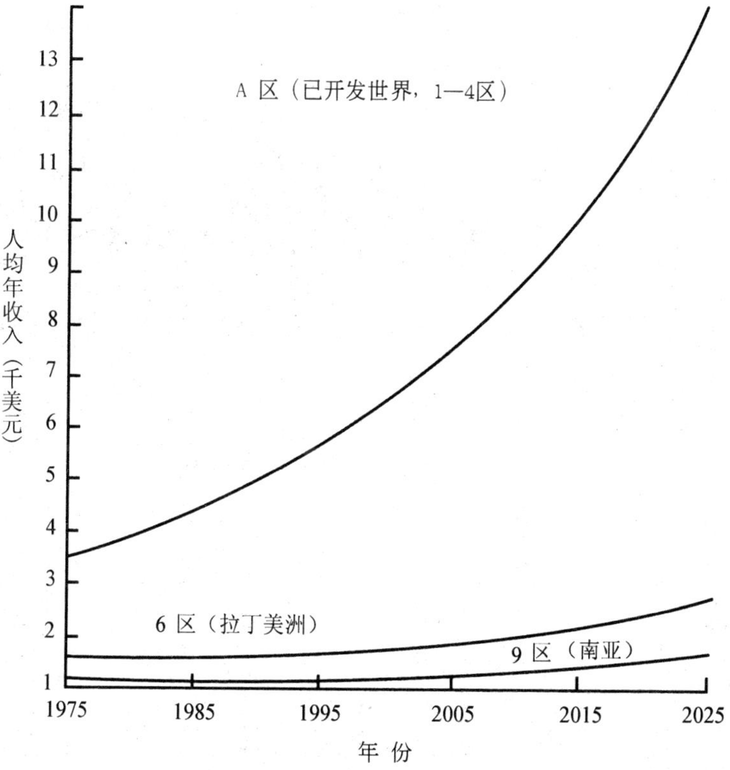

图 2.4 由历史发展所预测的地区差距

瓦。如果反应炉平均可以使用 30 年，那么到了最后，光是为了汰换耗损的反应炉，我们就必须每天建造 2 个反应炉。他们说，“这种技术解决方法很可能会变成浮士德式的交易甚至更糟，因为我们出卖的不仅是自己的灵魂，还有我们未来世代的福利和生存权利。”

他们总结道，要解决这些世界问题，必须有以下条件：

(1) 一个全球性的解决方案；

(2) 资金援助而非物品援助，食物除外；

(3) 所有地区经济均衡发展；

(4) 有效的人口政策；

(5) 世界性的工业多样化经营，才能带来真正的全球化经济体系。

以上条件缺一不可。

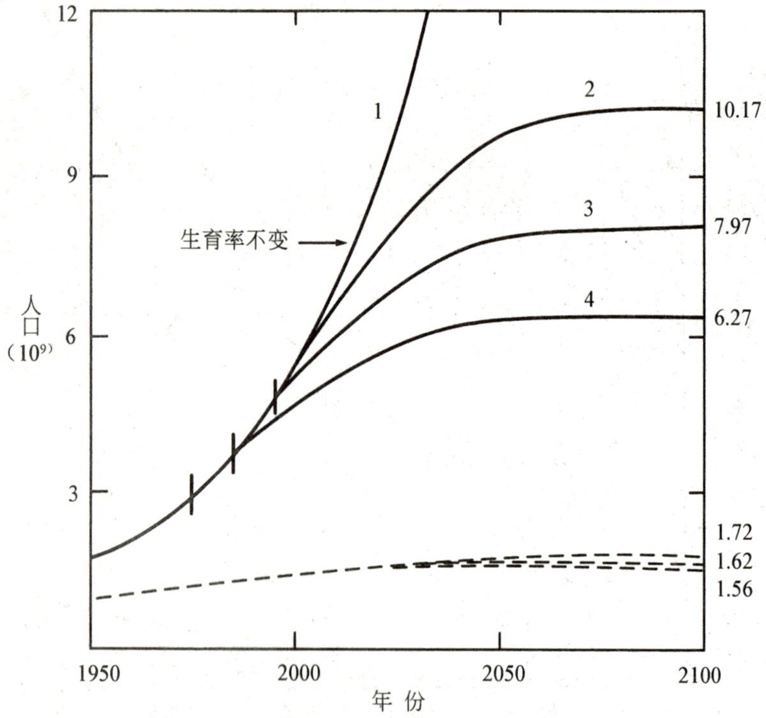

图 2.5 开发中国家的人口平衡

2.4 爆发世界大战的危机

"普格瓦什"(Pugwash)总干事卡普兰(Kaplan)博士说：

> 但是我们如今目睹的是什么呢？正如爱泼斯坦(Epstein)所指出的，从1960年到1975年，世界军事开支由大约1,000亿美元变成这个数字的3倍——这代表着难以理解的惊人浪费。这大约是政府卫生方面投资的3倍、教育投资的2倍，和富有国家对贫穷国家经济发展援助的30倍——而贫穷国家可是有几千万人生活在疾病、饥饿和贫穷所带来的死亡边缘。[6]

斯德哥尔摩国际和平研究中心所长巴纳比博士(Dr Frank Barnaby)在"第三世界中的逐步成长"(Escalation in the Third World)一文[7]中说道，1976年全世界的军事开支是1900年的30倍(以固定价格计)。这大约是所有政府对第三世界经济援助的40倍，他还说，全球的军事开支甚至超过了世界上较贫穷这一半人的总收入。有越来越多的第三世界国家正在发展自己的国防工业，研发并制造武器。

柯斯勒在"大脑爆炸"(The Brain Explosion)一文[8]中说：

> 每个时代都有自己的悲剧预言家(Cassandra)，

但人类却总能安然度过他们预言的灾难。然而这些令人欣慰的想法只怕不再管用了，因为过去从没有任何部落或国家拥有会让这个星球变得不适合居住的必要设备……因此我们被迫得出一个非主流结论：我们这个物种的问题，不是暴力过度、而是狂热奉献的能力过度。只需瞥一眼历史便可知，为忠于某个部落、国家、王朝、教会、政治意识形态或为越显主荣而造成的屠杀相比，出于自身目的个人犯罪只能算是小巫了。

克拉克（Robin Clarke）在《我们都倒下了》（*We All Fall Down*）一书[9]中指出，1348 年到 1350 年的黑死病造成欧洲超过四分之一人口死亡。他调查了在化学和生物战争方面的进展后总结道：我们所拥有的知识，已经能造成比黑死病规模更大的灾难了。

卡德（Nigel Calder）主编了《除非和平来到》（*Unless Peace Comes*）一书[10]，书中以令人恐惧的细节描述工程师和应用科学家能如何提高交战双方毁灭对方人马和土地的能力。1959 年诺贝尔和平奖得主诺埃尔—贝克（Philip Noel-Baker）也在这本书里讨论了过去 100 年来，军国主义者如何成功地打击了一切裁减军备与和平共处的尝试。他所谓的军国主义者包括了：

(1) 认为战争无可避免的军事人员；

(2) “受政府鼓励为国尽忠、扩大战备和武器出口上拥有既得利益的”武器制造和销售商；

(3) 致力于培养民族主义理想、美化军力的爱国团体；

(4) 编辑方向偏重于工业资源在军事方面之应用的科技和贸易期刊；

(5) 特务部门和情报机关。

诺埃尔—贝克指出：

如今，军国主义的伪装更难察觉，不再是身挂勋章、对手中核子武器洋洋得意的将军，或是恐怖片中谋划毁灭人类的疯狂科学家；但也不能否认某些人还蛮符合这种形象的。更典型的其实是某些平民，他们认为削减武器后的世界会更危险，“对方”同意削减只是暂时的一步棋，打核战并非大家想象的那样毫无根据。

从马克沁机枪到反弹道导弹，新型武器在各国之间造成了一种“保持领先”的无限焦虑。本书预测，能让竞争各国喘息的技术稳定期根本不存在，也不会有能让各国都满意的终极武器。至此，预测新武器基本上是军国主义者的特权，他们对政府说，“再快点，再快点”。但愿本书能成为对大众的权威性预警，也希望激起的口号是“停”。

诚然，只要客观地看待：

(1) 致力于提升战争武器毁灭威力的科技和工程人员比例；

(2) 富国用于囤积武器的花费占财政支出的比例；

(3) 先进国家把武器卖给任何负担得起的对象的热情（通常是卖给地区性冲突的交战双方）；

(4) 穷国嫉妒富国的奢侈挥霍的这个根本问题。

客观思考过这些问题之后，就能得出我们正不可避免地走向第三次世界大战的结论。

另一个必须面对的主要问题是，各国拥有了自己的核能发电厂后，有能力制造钚炸弹的国家也增加了。《再处理的政治》(The Politics of Reprocessing)一文[11]中说道，核能工业的日子很不好过。因为对核能需求锐减，所以核能产业正努力扩大出口市场、并开发增殖反应堆(breeder reactor)。但卡特总统(Carter)却反对增殖反应堆的开发，因为他有充分理由相信这样会鼓励核武器的扩散。

一旦战争爆发，军国主义者取得完全控制权，他们会不顾长期后果，而采用一切可用的武器尽快赢得战争。以原子弹轰炸日本、在越南战场上使用落叶剂，就是明证。我们不得不作出这样的结论：柯斯勒是正确的，如果我们机械地就此发展下去，当前军备继续稳定增加，而一切裁军尝试均以失败告终，那么第三次世界大战必将爆发。

2.5 污染和贫困

当今世界人口突破 40 亿，其中约三分之二居住在较未开发的国家，他们的人口增长率超过 2%，有些地区更是达到 3%。世界人口每年增加 7,000 万。有些国家的人口增长率在下降，像是中国，就是由于政府的积极政策有所成效、使用了在民主国家不可行的方法。尽管如此，到了 2000 年，世界上每 6 个人中可能就有 1 个居住在印度，另有 1 人居住在中国。人口如此高速增加，主要是因为富庶的文明打破了这些国家的传统思想体系，也降低了婴儿死亡率，但却没有得到能让发达国家的人口增长率降至平衡水准所需的生活和教育水准的提升。毫无疑问，人口在 21 世纪初就会大大超过 60 亿，甚至可能达到 80 亿，除非世界粮食增产问题和第六章中讨论的问题都能很快解决，否则这样的人口必定会伴随着逐渐增加的营养不良和饥荒。

图 2.6 是为 1977 年联合国奈洛比会议所准备的世界沙漠地区图[12]。因为过度放牧、过度农垦、乱砍滥伐和灌溉不当，已经使得牧地、耕地和林地都成了沙漠。以现在的速度，到了 20 世纪末，世界上将有三分之一的耕地变成沙漠。

每年我们因为盐化作用失去的农田，和借着新灌溉方案而获得的土地相当。每当干旱期来临，沙漠扩张吞

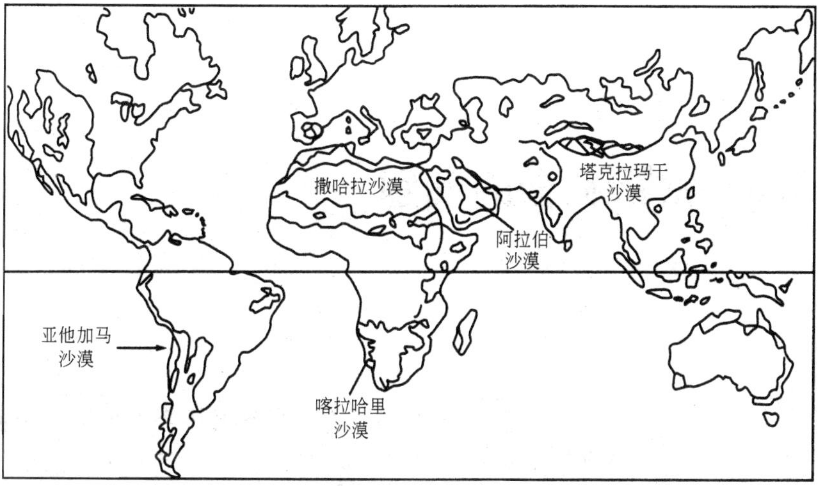

图 2.6 世界沙漠地区

噬了早先改造好的良田。我们已经拥有了扭转沙漠化的科学知识,但出于政治和经济的考虑,却未加以应用。

联合国环境规划署署长托尔巴(Mostapha Tolba)⑬说,"虽然世界上有40%的人营养不良,但是我们仍将工农业残余物看成是垃圾和污染物,而非人类和动物食物的原物料。"雷迪(A. K. N. Reddy)⑭则说:

科学与技术(S和T)在接受审判,穷困与不幸的人提出了三项指控:

(1) 科学与技术无视于世界大多数人的基本需求,集中在提供少数富人奢侈的商品和服务上,集中在为保护这些财富的军事硬体和软体上,如此一来更突出了国内和国际的不平衡。

(2) 科学与技术产生对部分专家的过分需求,他们需要对生产进行规划和控制,而由一大批几乎没有知识的工人来执行规划。因此权力集中在专家手里,对参与性和控制也有不利影响。

(3) 科学和技术对环境的干扰,是大自然完全无法适应的,因而使得微妙的生态平衡受到不可逆转的威胁,这种威胁在将来或许无法修复,甚至可能酿成灾难。

2.6 富裕社会的问题

许多证据显示，富国为迅速提高国家或群体的生活水准所采取的短期政治和经济决策，正导致生活品质的下降[15]，连这些国家自身也难免。拉拉（R. M. Lala）[16]在"为什么我们要怜悯富人"（Why we should feel sorry for the rich）一文中提出，巴德尔—迈因霍夫（Baader-Meinhoff）一伙是因为家庭生活破碎而在德国兴起，但他也说，"西方国家劳动力中有一大部分人也准备好了，一旦得不到想要的，他们将终止与社会的合作。他们要求的特权前所未有，至于谁将为此付出代价，他们根本不在乎。"这当然会引起迅速的通货膨胀，也使得平均生活水准下降、而非上升。拉拉表示，世界上的资源，不足以同时满足穷国不断增长的期望和富人猛增的贪欲。

我们也可以列出许多迹象，看出甚至连富裕社会的经济体系也在出状况。

（1）真人服务（如护理、警察、教育和公共运输）正因为人员不足而不断削减，但互推责任的官僚体系却越来越庞大。

（2）大班教育、能力平等的教条、提供学生不需努力的教育和无法提供合适的终身教育，等等，使得公众教育的品质不断下降。

（3）治安状况的恶化。对暴力犯罪分子和强暴犯的同情，超过了对受害者的同情。青少年犯罪、抢劫和其他犯罪案件上升，而肇事嫌疑人在正常社会中是不会有任何犯罪倾向的。

(4) 放任。要经由自制、自律和努力工作去完成有意义工作的观念已经大幅消失，而对滥交、毒品，以及其他伤害身心的行为所产生的后果却又认识不清。大城市和大工厂的这些情况，又比小城市、小工厂以及农村更严重。

(5) 农民、菜农和小商贩越来越难生存。

有非常明确的统计证据显示，富国的生活品质已经降低。主要是在以下三方面。

首先，身心疾病。典型的有：冠状动脉堵塞、胃溃疡、精神崩溃、哮喘和椎间盘突出。甚至有证据显示，本来已经上升到巅峰值的预期寿命在富有国家已经开始下降。格林伯格(Joel Greenberg)[17]曾描述，在1960年，跟美国其他地方相较，宾州一个小城的死亡人数中，仅三分之一是死于心脏病。当时小城还是遵循旧世界的传统价值观，家庭人际关系紧密，但后来被打乱了。到了1975年，该地区因心脏病死亡的年轻人，就和美国其他地区一样常见。

各种形式的癌症，毫无疑问是起因于进入了我们吃的食物、呼吸的空气、饮用水中的污染物。这都是工程过程中的草率所引起的，但其中也有身心方面的作用；也就是说，在“内心深处”对生活不满意的人，对疾病的抵抗能力会弱很多。他们生存的意志不够坚定，他们的身体也反抗着既无成就感、又没有温暖人际关系的生活。

其次，当人们选择以某种方式退出社会时，这又是另一个重要象征：这个社会的生活品质不够好。所谓的退出，可能是自杀、吸毒、酗酒，或干脆自己打造一个独立于日常社会经济互动之外的小社区。

再次，破坏行为、破坏倾向和人身攻击的增加，基本上就是自我成就感、相互关怀的人际关系等没有得到满足，因而颠倒、变成了它的对立面。

2.7 我们走向何方?

图 2.7 尝试表述我们这一文明的困境。图中间不规则的圆,代表了山坡上森林里的树。每棵树代表人类的一个问题,是世界各处都曾出现过的。人类几乎为每个问题都召开过全球研讨会,但全一无所获。若是一个国家采取短期政策来避开某棵树,就会碰上旁边另一棵。中间的经济问题如此、左边的心理问题如此、右边的技术问题也如此。人类正徘徊于浓雾中的森林。主要目的是维护权力的政客们,为了避免立即的问题,他们所选择的路是条"醉汉路线";因为每当他们为避开一棵树而转向,就会迎头撞上另外一棵。

这种"醉汉路线"必将导致走下坡的灾难,因为全球问题根本没解决。

图版 1 就阐释了这一点,图 2.7 显示的则是立体图。树林长在山坡上,所以胡乱行走只会走向山下、走向绝壁。绝壁边树木所代表的各种问题,在不止一个国家都已经很棘手了。

图底下显示出了可能导致我们这一文明终结的四种灾难。因为技术让世界变小了,所以这些灾难不会只局限在一个国家、或一个大洲里,而是不可避免地会遍及全世界。

从右边起,有能造成数亿人死亡的饥荒和瘟疫。如

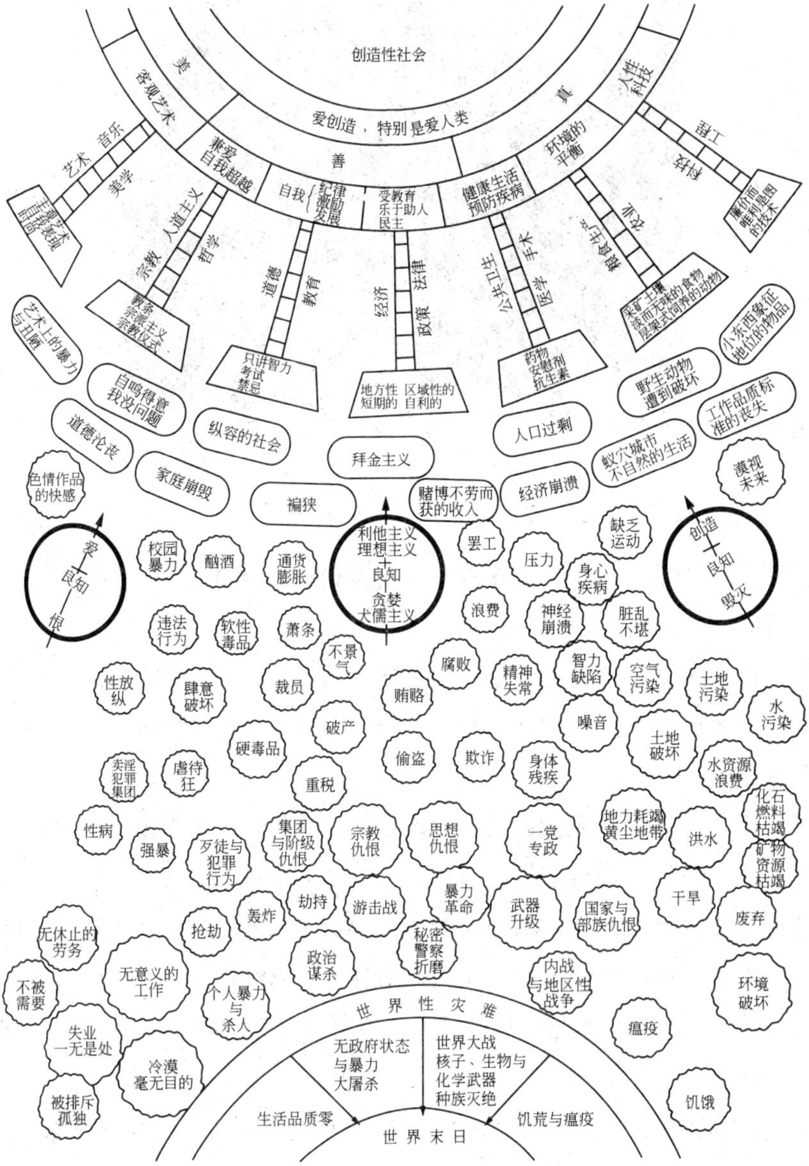

图 2.7 往上提升或向下沉沦

果未开发国家任自己的人口这样增长几个世代、而已开发国家还是没能协助未开发国家种植自己的粮食，就一定会发生饥荒和瘟疫。

其二，我们面临使用核弹和生化武器的第三次世界大战爆发的极端

图版一 我们文明的危境立体图，如图 2.7 所示。
我们要不是努力爬出森林，就是滑向灾难。

危险。正如柯斯勒所言，这场战争将把我们的星球变成跟月球一样无生命的星球。

其三，还有一种更难以察觉的危险，是治安会逐步恶化，到了人人都准备要杀死邻居以求自保的程度。街头帮派和军阀会破坏整个工业生产和粮食种植体系。

其四，是最难以察觉的心理灾难。人们的生活退化到蚁穴中的生活，被条条框框规定得死死的，以至于人们根本不在乎自己是死是活。有人猜测，也许数十万年前蚂蚁也是智慧生物，但随着它们的大脑逐渐退化、失去独立思考的能力，它们的文明也跟着退化成蚁穴这样一个死板机器。

对住在巨大水泥公寓里的居民来说，他们的家已经和蚁穴十分接近了。设计这些住宅的建筑师却很少住在里面。

《卫报》最近的一篇文章[18]描述了矽晶片机器人时代的生活。那个时代里，大报社的编辑通过视讯电话和世界各地的员工沟通，所以除了家庭以外，所有人际关系都是间接的，人也不再使用双手的技能。因此，人类的智慧也能把人引向一个完全非人性的世界，正印证了史柯勒的书名《聪明的傻瓜》[19]。

我自己从这项研究得出的结论是，我们的文明要改变现状、到达人人都可能拥有有成就感生活的明媚高地,时犹未晚,但是我们最迟必须在15年到20年内采取措施。同时,我们也不可避免地正走在通往以上四大灾难之一的路上。本书其他章节将研究的,是一般来说社会尤其是工程师,能采取哪些措施来改变现状。

第3章
向上提升

世界向上提升的四个关键：

①控制人口增长②拉近贫富差距③富国减少三分之一的消耗④只发展最终全人类都能受惠的工程，其他工程都是“富人的玩具”。

3.1　创造性社会

我曾将人类科技文明的现状比喻为一群人在浓雾中的森林游荡(图 2.7)。森林处在陡坡之上,陡坡的低处是悬崖。每当出现某棵树阴影时,这群人就转个弯避开,然后马上又发现面对着另一棵树。盲目地跟着自私的短暂目标,结果就是通往下坡、走向灾难的“醉汉路线”。继续沿用这个比喻,我们可以说,想逃过这一劫,就需要地图和指南针。

地图显示出有一片区域——是明媚的高地,或说乌托邦——在那里人类能与环境平衡共处。每个人都有完整的机会,去过创造性的、有成就感的生活。指南针让他们能做出眼光远大的决策,指引我们走向乌托邦。

正常人都拥有的人类良知就是“指南针”。不过却时常隐藏在潜意识中,或被会把全体引向灾难的自我中心目标所覆盖。如何培养良知,以及让良知发挥作用的必要措施,我将在第 3.3 节讨论。在此我想解释,为什么我相信这样一个靠机器运作的乌托邦至少在技术上是可行的。如果可行,那么为了我们的子孙能活在一个像样的世界、一个在人性角度上远胜于我们的世界、而不是去经历文明生活彻底的崩溃,那么我们的奋斗、努力和牺牲都是值得的。

在下一节(第 3.2 节),我将解释,为什么我们必须要有巨大的努力与牺牲，才能达到这种稳定，并避开现今的问题、罪恶和危险。只有在我们相信真的有可能建立乌托邦社会时，我们才做得到。当然，我并不是说，我们最终必定能建立一个稳定的世界，但我们至少能稳定地沿着山坡奋勇向上，而不是加速滑向山下的灾难。我已经在第二章证明我们目前的状况正是如此。

我把这个乌托邦称为创造性社会(Creative Society)。在这个社会里，世上所有的人在21世纪都能过着有成就感、可以无限地自我发展的生活。创造性社会就显示在图2.3的顶端，也就是图版1中可经由梯子抵达的小平原。因此我们需要找出方法，为80亿人口的每一位提供工业革命的所有好处(如优异的饮食、家园、教育、环境卫生、休闲、旅游)，同时不要任何弊端(如污染、缺乏运动、紧张、失业、手艺失传、对暴力与战争的恐惧)。这也就要求我们只开发能够服务一般大众真正需求的人性科技，而不开发耗费越来越多能源的高科技，只为少数人能用更快的速度奔来赶去。

我将创造性社会定义为：一个各民族与自然长期处于稳定或准稳定①状态的世界社会；在这个社会里，每个人都能有一个既有趣又有意义的工作，收入足够满足家庭成员所需的一切：身心和情感健康，隐私和友谊，旅游与各式各样的教育发展，通过自选的艺术技巧、手艺或兴趣活动，让所有潜力和创造性能充分发挥。

在以下章节中，我将尝试证明为80亿人提供这些有形的东西是可行的，但条件必须是世界资源这块大饼划分得相对平均、而富国和穷国的富人也都准备好接受削减他们目前挥霍的习惯。

我曾说过，教育是工业革命带来的好处。然而，我们所发展出来的教育远不足以引领我们去创造社会。原因有三方面：

(1) 我们发展出的是知识分子的懒惰，像是不再教学生需要花极大努力才能作到的思考自己的人生。相反地，我们把教条教给学生。教条在形成时意义深远，但不久就成了大难一场，首先是因为用词与所指在一开始就有所出入，其次是因为教条的背景很快就改变了。当然，对大众来说，免受各式专制统治的唯一方法，就是拒绝接受教条与宣导，而坚持独立思考问题。同样地，要到达稳定的创造性社会的唯一途径，就是要有足够的人能独立思考当前决策的长远影响。我们的一些教育学家坚持说：他们能让学习简单到学生根本不需要努力。

(2) 我们并不教育学生的情绪大脑、动机或良知。确实，唯一告诉他们的动机就只是："考试及格，就能赚更多钱、至少也能找个更有意思的工作。"要达到类似创造性社会、并维持这个成果，需要非常彻底的良知教育、并缜密思考什么样的生活目标才能真正满足学生。

(3) 我们深受柏拉图的异端说法(Plato's Heresy)之害；这个说法认为手工艺应该留给奴隶去做，绅士只需从事哲学和体能训练即可。拉塞福的异端说法(Rutherford Heresy)则是柏拉图说法的当代版："我希望没有人会发现放射性的用途，因为那样就一点乐趣也没有了。"每个人都应该接受均衡的教育，那么他们就至少拥有一项充分发展的手工技艺，把这种技能当作嗜好，能让他们过着平衡的生活；智力越高、就越需要动手能力，以免失衡。

3.2 人类文明存续的必要条件

首要的也是最显著的问题，关系到世界人口的成长。图 3.1 说明了从 40 亿人口开始的世界人口预期成长。人口统计学家通常认为到 2010 年左右——即一代人的时间——人口一定会达到 70 亿～80 亿，因为已经出生的年轻人要成家。在第四章中我将证明，如何为这么多人口提供足够能源，让他们享有工业革命的一切好处。在第六章中，我将证明如何提供他们足够的食物。然而，这些研究指出，如果世界人口再增长一倍，成了 140 亿～160 亿，就不可能提供一个稳定的社会体系，我们的文明也必将被饥荒和瘟疫所毁灭。

许多作者已经指出，科技大大缩小了我们的世界，所以没有哪个国家能继续独立生存。各个大洲之间已经有了战争武器（比如洲际弹道导弹）、食物及原物料运输（特别是石油）、通讯以及飞机散布的疾病等管道相联系。甚至连污染物（如铅和硫等），也已经从一个洲散播到另一个洲。因此，已开发国家不可能再说："我们没问题，其他大陆出什么乱子无所谓。"

当然，如果在下一代就爆发第三次世界大战，那么人口问题就不复存在了，但我们的文明也会随之而去！因此，我们要考虑的问题是，必须要找到一个人道方法，让世界人口增长按图 3.1 中的第二条曲线减缓。我们必须

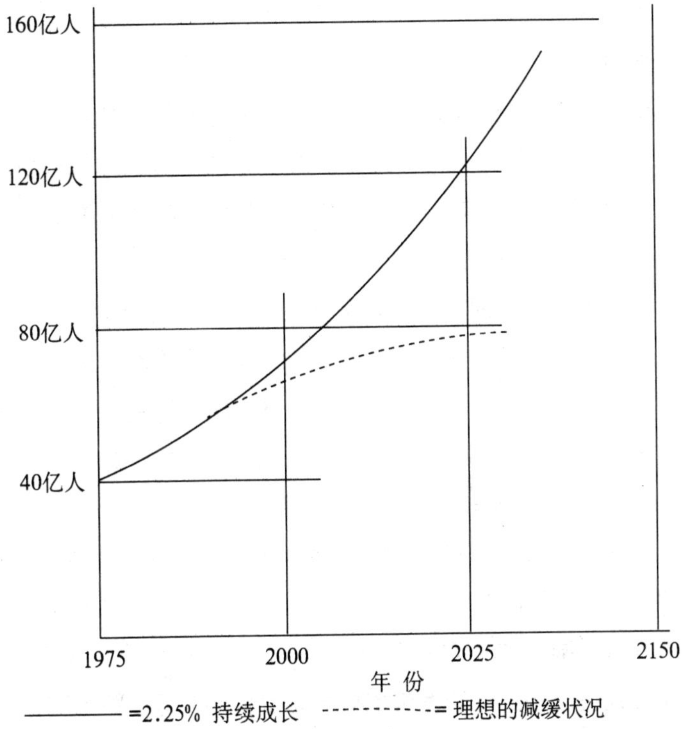

图 3.1 世界人口成长

在 30 年内让世界人口增长率降至零左右。如今,有良好的生活和教育水准的已开发国家,人口增长率几乎已经为零;而人口膨胀几乎全都出现在未开发国家。这也彰显了以下的论点。

论点一:要减缓世界人口增长,只有一种人道方法,也就是为所有人提供充分而适当的教育与生活水准。

如果我们的文明要存活下去,就必须在一个世代以内做到这一点。一个人只有在受过充分教育、了解人口过多的后果,并有能力靠自己工作赢得良好生活之后,才会自动限制家庭人口。

接下来的重要课题是,既然我们无法制止已开发国家与未开发国家不断增加武器储备、提高军费,那么该如何避免第三次世界大战在一个世代内摧毁我们的文明。这个问题的答案有两个层面。第一个必要条件是,大众的情感观念体系必须有根本的转变,不再把穿着另一种"球衣"的人当成有正当理由(确实,出于爱国心)杀死的非人角色。观念体系的转变稍后会再讨论。

第二个必要条件是,消除富国和穷国间的差异。正如第二章中所提到的,只要穷国或某个国家的一群穷人嫉妒肆意浪费地球有限资源的富国或富人,就会有爆发冲突的危险。因此我们可以表述论点二。

论点二:若要消除可能引发第三次世界大战的紧张局势,就必须在一个世代内消除不同群体间在生活水准和资源使用上的巨大差异。

当然这并不是说,所有人的生活水准都要绝对平均。因为人的潜力不同,而有些人愿意更努力、接受更多训练和责任、以拥有平均水准以上的生活。然而,已开发国家与开发中国家的人均能源消耗相差10倍。要基本上消除这个差距,必须让两者的平均能耗维持在差不多的水准。

第三个论点是因地球资源有限而起。如果我们想让世界人均能耗大致相等,而到时世界人口又是现在的两倍,那么世界人均能耗绝对不能超过当前的平均水准。即使在这种情况下,能源消耗也将是现在的两倍。因此,论点三也就是说:已开发国家的人均资源消耗量,必须在30年内降到跟目前世界人均消耗量差不多,而未开发国家的资源消耗则必须升至这个数字。而在已开发国家,我们不仅要摒弃持续增长的想法,还必须设法保留工业革命的一切好处,同时在未来的三四十年内,每年减少消耗几个百分点的原物料。

论点四:这个议题跟污染对人类的毒害有关(相关研究如本书第二章谈及的《成长的极限》一书)。在得到确凿证据、证明污染物的污染程度对人类、动物或植物都没有任何不良累积效应之前,不得把污染物排放至大气、水体或土地中。

论点五:在21世纪,稳定社会存在的一个必要条件是:富国逐步消除非生产性活动,如:广告,武器制造,时尚和具备内在陈旧性的商品(原本就预设会慢慢坏掉的商品),代之以对穷国切实的帮助,协助穷国建立设备、积累知识,让他们能完全自力更生,有良好的生活水准。

这些结论[2]也曾经有许多人提出过,他们涵盖的范围广泛却不能虚心接受质疑,但他们所得出的结论,确实是富裕的民主国家不管在政治、经济和社会方面都难以接受的。然而，我们可以回想詹森博士(Dr Johnson)的名言：当一个人快被绞死时，他的心神可以神奇地凝聚起来。当越来越多人了解到我们的社会正稳步走向灾难，那么我们为了子孙的生存而必须接受重大的牺牲、改变动机，这样的观点也将渐渐不再那么难以接受。

在此要对我个人归纳出的一些结论作概述[③]。对那些打算从人类文明存续的观点来思考这些原则的工程师，我希望这些结论能有所裨益。我相信，若想建立稳定的世界文明，以下五个原则必不可少。

(1) 一个过分追求私利的社会，必然是一个自我毁灭的社会。强盗行径是一股离心力，已经超过了广为接受的道德标准、和诸如"推己及人"的利他行为所产生的向心力。大量证据显示，我们的社会现在正经历这一切，而我们的社会也过分以自我利益为中心，由以下事实可证。

(a)政客逐渐腐化，将全部精力用于保住自己的权位。

(b)工会和其他团体往往追求自己阶层的利益，对国家可能因此产生的长期后果没有充分考虑。

(c)个人成了流氓或投机客，只知赚钱、不管他人死活。

(d)企业衡量成功的唯一标准是利润，而非顾客和员工的满意度。

这个原则可以引出：

论点六：如果还想步入稳定的21世纪世界，我们就必须大刀阔斧地改革社会风气[④]。

(2) 历史证明，暴力绝不会带来有利芸芸众生的变革，只不过是把一伙暴君换成另外一伙。就像在伊索寓言中，鹳王(King Stork)取代了圆木王(King Log)一样。不但会产生立即的痛苦和长期的苦处，新统治者为了掌权，不得不比前一任更暴力。暴力只能让我们与美好的世界渐行渐远。

(3) 只有真正不贪恋权力的政治家，才有可能领导一个正派的社会。艾克顿男爵(Lord Acton)有句名言："绝对权力，绝对腐败"，很明显，只有真正的民主国家才是稳定的世界体系。唯有当选举人与被选举人都受过教育，培养自己的良知去关注社会的长久将来，而不求自己眼前的短暂利益，这样才能运作。

(4) 必须对消费和邻里冲突加以法律限制，但限制得越少越好。而且这只有在大众能理解其必要性、并在情感上也认可这是社会的基础时才会奏效。这就是对诸如软性毒品之类的禁令和法律难以实施的原因。有许多问题，像是种族关系等，就无法由法律来纠正，唯一的方法就是教大家关心他人。

(5) 对稳定社会必不可少的一点，就是不能干涉大众的思想、观念，以及不会造成人身伤害的言论。不能有强制性的教条；必须鼓励人们独立思考并实践自己的信念。然而，在大众了解了不当行为对自己和他人造成的不良影响之后，就必须要有一个能为大众接受的公众道德准则。

3.3 人的良知是指向稳定社会的指南针

在前一节里，我尝试要证明，社会风气的退化与我们社会将来的稳定必不相容。改变社会风气只有一种方法，即培养个人的良知，让他或她自行发展自己的良知，直到关心人类长远未来的风气，能盖过以拥有象征地位的非必要物品来衡量成功与否的风气。在情感上，他们必须意识到，终究只有创造性的自我成就感才是更合适的成功标准。

图版二　古老的良知象征。女人代表最重要的“爱”，牛的躯干代表辛勤工作的决心，狮腿代表勇气和对自身“力量”的信念，鹰的翅膀代表“对直接证明一般生命存在以外的问题”的思考。《所有与一切》(*All and Everything*)第310页。

每个正常人都有良知，也有种种迹象显示良知的确有所作用，特别是年轻人在学业最后阶段和职业生涯刚起步的时候。无论是多严格的良知，与找份工作、让家人过着像样生活的要求，都不会互相违背。不过，在个人要求超过了这一程度时，对个人财产、金钱、权力这些世俗的追求会逐渐蒙蔽良知，有人会产生“只要目的正当，就可以不择手段”这样的可怕看法。对死板教条深信不疑，同样会限制良知的作用。

常人的良知，会让人把义务责任看得比其他权利都来得重要。这些也可以分成以下几种：

对邻里的责任

“推己及人”；对待老弱病残和幼童时，要设身处地考虑他们的感受。不管在任何情况下，杀人都是不对的。

纯粹因为自私而残忍对待人类或动物，都是不对的。相反地，帮助人类和动物才可贵，哪怕要以个人牺牲为代价。在生命的终点，会让人心满意足地回想起的是他的付出，而非收获。

对世界的责任

一个人必须将父母、社会给予的一切（生命、健康、教育、爱、友谊）回报给社会和子孙。一定要让环境变得比自己的时候更好。维多利亚时代的美德有真正的价值——要未雨绸缪、经济独立、不靠赈济或借贷。

对自己的责任

要像受训中的运动员一样照顾自己的身体，这样才能健健康康地达成生命中的目标。这包括的不仅是食物、饮料、运动、休息、卫生等明显的东西，还包括精神食粮，像是欣赏自然之美（树木、花草、鸟儿的鸣啭与翱翔等）。

然而,到目前为止,成熟的良知会告诉人的最重要的一件事,就是他迟早会死,评判眼下行为的最好方式,就是以在临终之际的眼光,回头看看这些行为是什么模样。这产生的是一套完全不同的价值观,用谚语说就是“生不带来,死不带去”。也就是基于这个观点,我曾在前面提出,一个稳定的创造性社会,其基本风气,是人们以创造性自我成就感的程度来评判自己的一生成功与否。换言之,成功的标准是如何利用自己的才能为他人建立一个更好更美的世界。在人死的时候,这一定是比地位象征品、财富、权力等东西的累积更合适的评判标准。其目标是要让人感觉没有虚度一生、搞得自己“像条狗一样死去”,相反地,他用自己的才华让别的东西得到了升华。

柯斯勒在《大脑爆炸》一文[5]中说:“人类最致命的武器是语言。他们很容易被口号催眠,就像很容易被疾病感染一样。一旦出现什么流行,群体心智就接手了。”毫无疑问,在战争、革命、还有集体歇斯底里时,让群众做出违背良知之事的基本因素,正是这种群体暗示。在战时,杀人如麻者会变成英雄,因为杀死“敌人”是爱国义务。

在该文中,柯斯勒谈及麦克林(McLean)的观点,认为基本上自然赋予人类三个大脑,他称之为爬虫类脑(reptilian)、较低级的哺乳动物脑(mammalian)和较高级的大脑皮层(cerebral cortex)。葛吉夫(G. I. Gurdjieff)[6]把良知定位在哺乳动物脑,也就是情感大脑(emotional brain),而我们的普通意识存在于智慧脑(intellectual brain)。这就是为什么人能自行(或因为受到暗示)而发展出让他们作出彻底违背良知的行为的思想体系,因为他们的良知已经淹没在潜意识里了。正是智识思想体系(intellectual ideas system)导致了西班牙宗教裁判所(Spanish Inquisition)的残忍行径。我们只能得出这样的结论:除非全世界的教育制度在一个世代内能有所改变,教育大众独立思考,不受任何教条、或群体性歇斯底里所影响,并培养良知,使关心他人和一切生命的本性成为生活中的向导,否则我们的社会将会轰然坍塌。这就是为什么我将良知标示为指明森林出路的指南针(图 2.7)。凡有远见者,都必须有这个指南针。

3.4 生活品质和生活水准

从上文可以得出一个明显结论，我们文明存活的唯一希望，是富国能在30年内减少大约三分之一的原物料消耗。要在政治上行得通，只能靠培养人的良知，让他们以创造性自我成就、而不是以地位象征物来衡量自己的成就。如果我们能在生活品质和生活水准之间作出清楚区隔，就能更明确地表述这个概念。

生活水准可以利用以年人均美元(dollars per capita per annum)来计算的国民生产总额(GNP)来表示，或者用下一章介绍的年人均能源消耗计算。这完全是唯物主义的财富计量标准。虽然此计算方式也纳入了国防开支，但是即使在战时，个人也不会从中受益，因为敌方也花费了相应的数目。

生活品质这个计量单位更主观；表达的是个人的基本感受：他的生活是否有意义，他们在临终前是否能面对自己、确定没有浪费自己的才能[7]。正如我在第二章中所言，生活品质虽然很主观、无法在实验室以客观方式衡量，但仍有统计指标显示生活品质的下降。

如果以千卡来计算成年人的每日食物摄取，并对照个人的健康程度，可以得到图3.2中的曲线。摄取的卡路里低时，人处于饥饿状态；随着卡路里摄取量的增加，健康状况提升到理想状态后会下降，因为人变得肥胖、而且是在“以齿掘墓”。

生活品质固然主观，但相对于能在实验室或银行里客观计算的量，生活品质对人来说还是比较直接真实的。然而，我们可以假设能够以某种量尺测量生活品质，充分利用自己才华、以自己的方式创造美好世界的人（如大画家或作曲家），和改善他人生活的人（如尽职的父母、医生、老师）得分高；相反，觉得生活毫无意义的人得分为零。那么我们或许就能用生活品质对应生活水准来制图，结果应该与图 3.2 如出一辙。生活水准最低时，生活品质也低，纯粹因为难以维持生计；在衣食无忧时达到峰值；之后在进入过度富裕社会时下降；成为百万富翁时降至最低，因为对他来说财富是可怕的负担，朋友、妻子和他在一起为的是他的钱财而不是出于真爱。

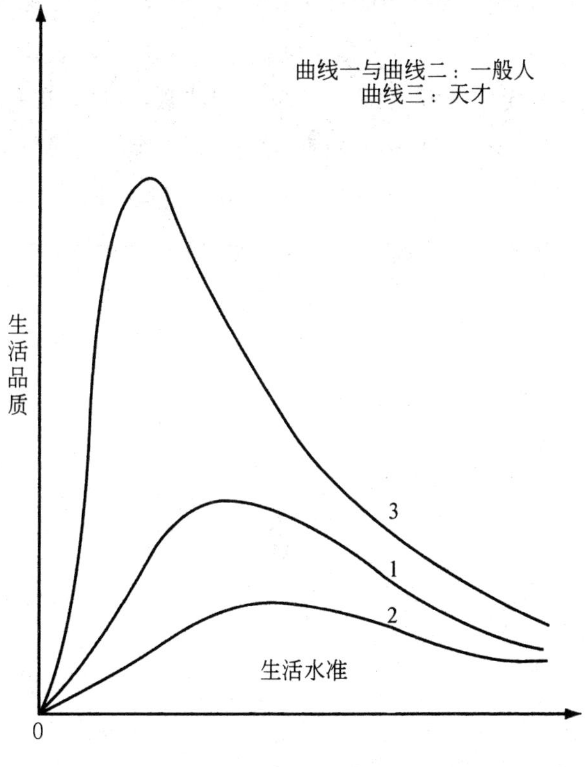

图 3.2 不同人的生活品质和生活水准的关系

为什么非常富裕的文明，生活品质反而会下降，这有许多原因。人越来越喜欢靠比时髦来衡量成功与否。生活因此成了一场无意义的恼人竞争，没有时间进行真正的创造性自我成就。然后，又越来越担心自己会因为意外、火灾、税收或犯罪而失去所有。最后，知道世界上仍有大量的人挨饿又会良心不安。虽然社会积聚了财富，但这些因素无疑会让生活品质下降。

未开发国家平均生活水准低于理想值，而过于开发的富裕社会却高于理想值。因此，这张图（图 3.2）就代表：如果能正确看待的话，富裕社会减少原物料的消耗，其实是福而不是社会灾祸、也不是政治灾祸，而是社会生存所必须。因为这样一来，每个人都更有机会透过创造性自我实现来尽量提高生活品质。这就是为什么我个人很乐观，相信如果下一代中的有识之士都能听从良知的指引，那么我们文明的发展趋势就能够改变。

世界社会稳定的磐石，就是社会风气的转变，由自私自利、取得更多无用的地位象征，转为以创造性自我实现来评判个人的成就。这适用于所有生活水准太优越的人，无论他们身处穷国还是富国，因为他们能自由选择自己的生活目标。我们必须学会这辈子都能明确区分生活水准和生活品质。

3.5 通往创造性社会的七座梯子

在世界问题一图（图 2.7）中，在通往创造性社会的七座梯子底部的菱形标志，是引起当今社会动荡的错误基础，也使得我们的文明总是会从树林中滑向灾难。这七座职业之梯，底部都有实际目标和对应职业的标准，而我在顶端所尝试表述的，是我们的文明若想要逃离当前的动荡局面，该项职业所必须彻底确立的目标和道德标准。这幅图的目的是说明，虽然工程师的贡献不可或缺，但仅依靠他们是不可能把我们带离现状、到达最大生活品质的世界的。因此这七座梯子代表着社会风气的七种质变，也是我们文明生存下去的唯一充要条件。

从最左边的梯子说起，只要职业是借由艺术表达美的人有了如下的目标：

（1）自我表现（有人甚至会表现出自己着迷的事物）

（2）借着将时尚引上新路线、或迎合暴力和丑陋来赚钱，那么“艺术家”就是来帮忙毁灭文明的。

在早先、更稳定的文明中，比如巴比伦文明、埃及文明、中世纪的基督教文明，艺术是对主流风气的刻意表述，所以艺术扮演了“凝聚剂”的重要角色，凝聚了文明。在梯子的顶端，客观艺术（objective art）指的是，能鼓励并协助人类追求自我能力往更高发展的这种深切渴望的艺术。

同样地，各大宗教起初也曾明确认可，人的自我发展的确有可能超越自我，而这些宗教也蕴涵了兼爱的观点，要爱一切世人，包括敌人和世上一切生物。但这些宗教堕落了，失掉了这些伟大思想，取而代之的是没有思想的教条。而这些教条一旦用文字表述，就可能被完全误解。结果宗教分裂成无数互斗的派别，时常叫嚣“只有我们会得救赎”或“我们拥有唯一真理”。宗教仪式原本蕴涵调节情感的内在真理和方法，但大多同样退化成空洞的形式。我们几乎可以肯定，除非兼爱的观念、自我发展与自我超越的可能性透过各种途径，再次为社会大众所广泛接受，否则这个世界只会摧毁自己。

教育是人类是否可能改变的关键。现今的教育体系特别注重智慧脑，但即使如此，也没有把智慧脑开发到学生能以智慧力量去深究真正的问题，而只会复制一知半解的事实和他人的思想体系，借此来通过考试。正如前面所指出的，情绪大脑内含良知，但完全没有受过训练，即使人文领域也是如此。如今给予学生的唯一激励，就是顺应现有的体系，通过考试、好开始赚钱。真正受过教育的情绪大脑，就代表一个人会跟随自己的良知，即使让人不受欢迎、带来经济损失或其他伤害，仍义无反顾。过去，宗教教育的确曾尝试训练情绪大脑，不过形式多以刻板教条为主。道德状况绝不是仅有是非，而是必须由人的良知针对不同状况来评判。即使是肉体脑（physical brain），也就是身体在创造性、艺术性和手艺技巧等方面的技术，也大都遭到漠视，尤其是那些很会考试的年轻人。创造性社会的一个必要条件是：每个人都要能充分发展他们的创造性手艺，这应该是他们所受教育的一部分，并且要能终身运用这种技艺。

经济、政治和法律界所必需的变革，倒是简单明了。但只要有某些地方群体追求当下的短期目的、希望生活水准能持续成长，那么我们的文明势必将继续撕裂自己。我们必须有均衡的经济、全人类必须有完整发展的生活水准，以及受过良好教育、关怀民瘼的民主政府，因为我们不能信任任何绝对的权力会真正长久地关心民生，而不考虑如何继续掌权。我们必须有足以防止人们过度自由而侵犯他人的法律，不过法律和政府应该尽可能少干预。一方面,一定要尽可能破除国家、种族、部族、宗教和阶级间的隔阂,但在另一方面,有必要将大中小学、医院、警力配备和工厂尽可能恢复成小规模。

公共卫生的问题也一样明显。现今的医疗专业,几乎把精力全集中在人生病后的修复方面,或用药物,或安慰剂,或抗生素,或手术。在创造性社会里,医疗行业会把几乎全副精力都用于预防医学,特别是要确保大众懂得如何选择百分百健康、多样化而无任何毒素残留的食物;确保大众能照顾好自己,懂得运动、端正姿势、放松肌肉、不沉迷任何有害事物,并且要适时度假。教孩子如何照顾好自己,并且维持健康以达到最佳工作状态。

粮食生产将在第六章详细讨论。主要问题是我们必须在不依靠会耗竭的化石燃料或开采磷和钾矿的情况下,持久稳定地为70亿~80亿人口生产足够的粮食。

最后是工程、技术和应用科学,也就是本书的主题。我将在第九章详细讨论听从良知、着手用人性技术替代唯利是图的技术的工程师所面对的问题。我所说的唯利是图,是指工程师愿意为了钱做任何事,虽然良知告诉他制造杀人机器,或危险的、污染环境的机器是错误的。

第4章
工程师与能源

30%的富人用了全世界80%的能源，必须节约能源和开发再生能源，如太阳能和风力发电。

4.1 当前能源的使用

当前消耗了多少能源?

工业革命基本上是以化石燃料能源替代人类和动物的劳力。因为燃料资源有限,所以我将在本章检验能源供应的策略,以确保在21世纪里全球80亿人口都能享受到工业革命的好处。

本章我将以吨煤当量(ton of coal equivalent,TCE)作为基本单位,因为该单位够大,年人均消耗量可以用15到0.155之间的数字表示,而同时又够小,可以想象成0.7立方公尺的煤。

表4.1是转化率为100%的情况下其他单位对应的约略吨煤当量。煤、天然气和石油的实际热值,受多种因素影响,都会有变化。特别是煤,因为它含有的灰分和水分不定。和石油相比,煤有一项优势,即以氢形式存在的能量比石油少非常多,因此,煤的总热值和净热值相差不多①。转换因子的大小需要特别注意;就电而言,在电厂烧煤发电、然后输出电力,并用来替水加热,那么总转化率约仅有25%②,所以用0.5~0.6公斤的煤产生1千瓦的热能,可以把100公斤的水加热约摄氏8.6度,然而,如果直接烧煤来加热锅炉,转化率则为75%,只需用煤0.2公斤。若要以水力发电达到相同效果,则需要1吨

水落下 370 公尺的高度。另外一个重要的对照，就是如果每人每年使用 1 吨煤当量（1 吨煤当量/每年每人），这就相当于他本身食物能量消耗的 6 倍；所以在英国，我们每年约使用 5 个吨煤当量，就相当于有 30 个能量奴隶为我们工作。

煤的热值是	6.0—7.5 百万卡/公斤∴1 吨煤当量平均值＝ 2.8×10^{10} 焦耳
天然气	热值：35 百万焦耳/立方公尺。因此 10^9 立方公尺的天然气～1.25 百万吨煤当量
石油	热值 42 百万焦耳/公斤，或 4.2×10^{10} 焦耳/吨。因此 1 吨石油～1.5 吨煤，7.5 桶石油～1 吨石油。所以 5 桶石油～1 吨煤当量
电力	1 千瓦时＝3600 千焦耳＝1.29×10^{-4} 吨煤当量（以转化率 100％ 计算）。1 千瓦时～ 0.129 公斤煤，或 1 吨煤当量～ 7780 千瓦时。因此 1 吨煤当量/年～0.89 千瓦不中断状态下
水力发电	1 吨水落差 1 千公尺～2.73 千瓦时～0.35 公斤煤 1 吨水加热摄氏 1 度＝1.16 千瓦时～0.17 公斤煤
热量	100 公斤水加热摄氏 30 度（一次热水澡所需）＝3.5 千瓦时
食物	3000 千卡/日＝4.6×10^9 焦耳/年～ 0.16 吨煤当量/年
核能	1 吨铀完全裂变～2 百万吨煤当量 1 吨铀在快中子反应器中反应（高浓缩）（转化率 50％）～1 百万吨煤当量 1 吨铀经热中子反应器中反应（低浓缩）（转化率 0.5％）～1 万吨煤当量

(1) 所有转化率都为 100％，依所售重量计算净热值。

(2) 等价符号（～）代表在策略比较上有±15％误差。

(3) 石油的总热值比净热值高 7％～8％。煤的总热值比净热值高 2％～3％。天然气的总热值比净热值高 10％。

表 4.1　各类能源单位换算成吨煤当量

全世界 40 亿人口的平均能耗，稍低于 2 吨煤当量③。经历过和未经历过工业革命的国家间，能源使用的差距令人吃惊。粗略算来，世界上 30％的人口的人均能耗为 5 吨煤当量，他们使用了世界总能源的 80％。剩下 70％的人口的平均能耗约为 0.5 吨煤当量，只消耗全世界总能源的 20％。能源用得最极端的是美国，占世界人口 6％，却消耗世界总能源的

35％。英国人口占全世界的1.5％，消耗总能源的3.5％。

国家财富（以人均年国民生产总值表示）与能源消耗（吨煤当量/每年每人）间的关系见图4.1。该图清楚地显示在能量奴隶和支出之间有几乎呈线性的关系。支出当然包括“国防”、太空竞赛和其他对个人生活水准没有直接价值的花费。然而，生活较奢侈铺张的国家，也是燃料消耗最多的国家，这一点也相当清楚。在这一章，我将检视世界能源资源，包括有限的化石燃料和可更新资源，并评估富国燃料经济性的可能前景（即，在消耗更少有限燃料的状况下，让消费者达到同样结果）。随后，我将在地球能源资源有限的限制下，找出能指引我们在21世纪走向稳定社会的策略原则。

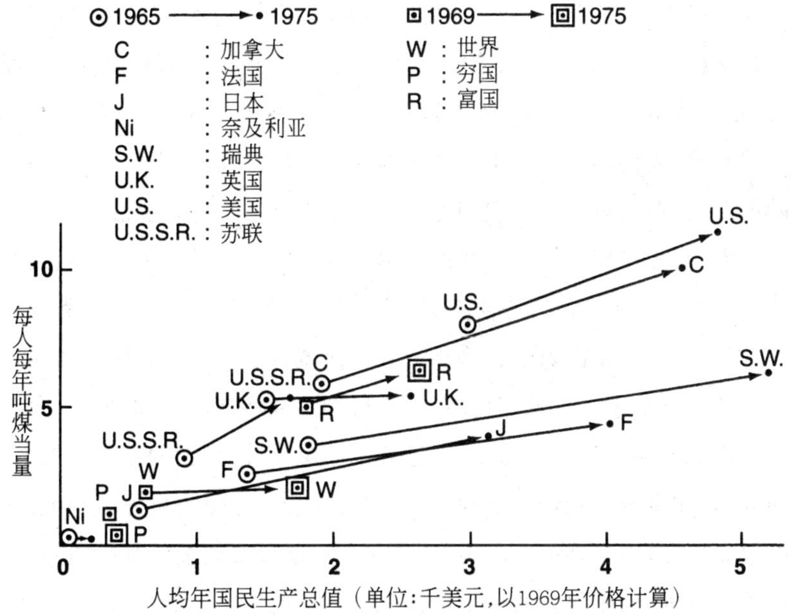

图4.1 财富与能源消耗

从图4.1也同样能看出，在1969年至1975年间，各个国家的位置也有所变动。缪尔伍德（A. Muir-Wood）在1978年英国土木工程师学会（Institution of Civil Engineers）演讲时用到该图，承蒙惠允，得以复制。这项变动所涵盖的时期，正值原油价格飞速成长。因此，像是英国等占优势的国家，从早期开始一直拥有廉价燃料，消耗每单位吨煤当量所获得的效益较少;也就是说他们更浪费。这六年里,变化趋势近似总趋势的国家,如美国、加拿大和苏联(恰好是所有富国的平均数),在燃料经济性方面,并没有因为油价上涨而显示出任何进步。全世界的吨煤当量值几乎没有上升、而国民生产总值却大幅增长。这是由两个因素造成的:富国的两个因数都增加了,而穷国却因为负担不起绿色革命所需的石油而降低了能源的消耗。同时,穷国的实际生活水准并没有什么成长,所以是富国生活水准的提升,导致了世界平均生活水准的提升。

能源和人类其他问题的关系

我们必须明确指出,能源问题与其他诸多阻碍我们到达稳定社会的问题是交缠在一起的。世界各国的政府都习惯把不同问题交给不同部门,这是个很不幸的习惯:"隔离的圣牛"。这当然导致了许多荒谬的情况,如为了让人们不失业而生产会逐渐耗损的消费商品(即具有内在陈旧性的商品)。但这也意味着我们的后代根本无法拥有这些物品,因为制造商品所需的化石燃料,都会被我们耗尽。这些问题可以分为以下四大类:

(1) 世界和平问题。任何人只要看过上文简述的相对能源消耗,就会知道,只要未开发国家快速增长的人口注意到已开发国家的能源浪费,并拿来和自己贫困的处境相比较,就不可能达到稳定、和平的世界。未开发国家没有资源来发展武器、攻击已开发国家,但已开发国家却忙着供应他们武器、在世界各地造成不稳定的情势。这么做,极有可能引起大国间的战争,只是时间早晚而已。因此,未来任何能源策略显然都必须考量整个世界的需求,而不仅是某一个或某几个国家的需求。不言自明,该能源策略必须以长期的均衡为基础,最终完全使用永久可更新资源,但在之前的过渡期,还可以用化石能源补充。

(2) 能源使用与污染、噪音问题密切相关。在某些情况下,能够通过改善燃烧来减少诸如一氧化碳、烟尘、碳氢化合物(烃)等这些未燃烧的成分,在减少污染的同时降低能源消耗。不过,美国试图使用触媒转化器和后燃装置来减少车辆的污染,但适得其反,因为燃烧状况必须更差,才能产生足够的未燃烧原料来推动这种过程。目前，减少污染的最佳方法自然是通过根本的燃料经济性方法，让燃料消耗减半。

(3) 淡水消耗和蒸汽云、热污染的产生。在英国，发电是以冷却塔为基础的，经冷却塔蒸发的淡水相当于 8～10 吨/每人每年④。如果充分考量这些水的价值，那么这个数字会让人难以接受。在其他国家，热则排入当地河流湖泊，程度大到会严重破坏自然生态。

(4) 失业问题。前文提到过的内在陈旧性，也显示了燃料经济性和失业问题之间的关系。但相反的，同样可能利用补助以下项目，使燃料经济成为提高就业的一种手段：

(a)能省下的燃料比安装时所耗费的燃料还要多的燃料经济措施。

(b)利用可再生能源(如太阳能、风力)的设备。

目前，因为成本高、化石燃料的价格又低廉，所以补助两者都不够经济。

能源的用途

图 4.2 是对美国经济能源流通的大致分析，由库克(E. Cook)于 1971 年制作、1973 年修改，单位为 10^{15} 千卡/年，相当于 1 亿 5,000 万吨煤当量/年⑤。因此，当时美国经济的总能源流通量，相当于 24 亿吨煤当量。图 4.3 为 1972 年相应的英国能源流量分析，图中单位直接用百万吨煤当量表示。所以当时英国的能源总流量为 3 亿 6,000 万吨煤当量，大约是美国的七分之一，而英国的人口大约是美国的四分之一，相当于英国每人每年使用的燃料仅有美国人的一半。这些图，基于对各个行业和其他能源消耗者能源使用效率的评估，不完全确定但还算合理。英国的整体能源效率是 40%，而美国是 36%。当然，很难定义能源效率，而这些图是以粗略的假设为基础；比如说汽车的效率，如果在同一海拔高度，把负载物从一点送到另一点，那么实际上并没有做功；因此，效用实际上是以克服各种摩擦力的做功来表示的。这同样取决于要求的速度；比如说，运河可以让一匹马拉动 50 吨的负载物，但速度会很慢。图 4.3⑥ 是以此假设为

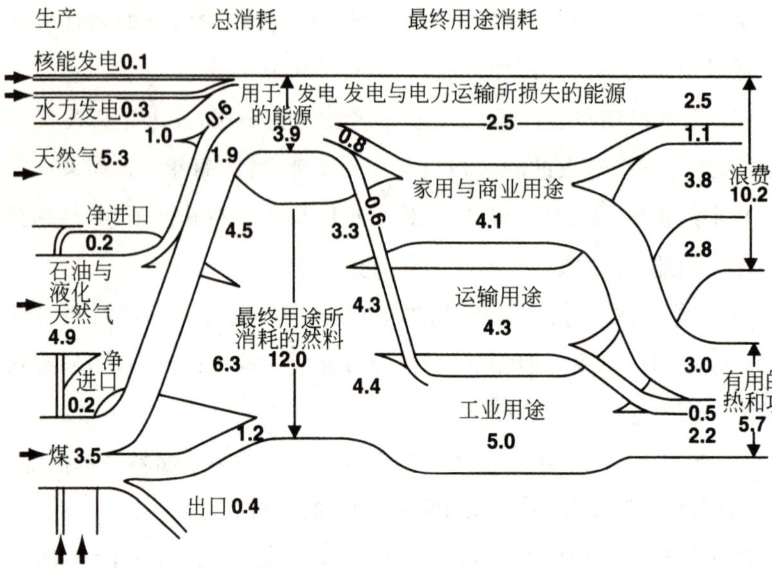

图 4.2 1971 年美国经济大致能源流通(10^{15} 千卡)

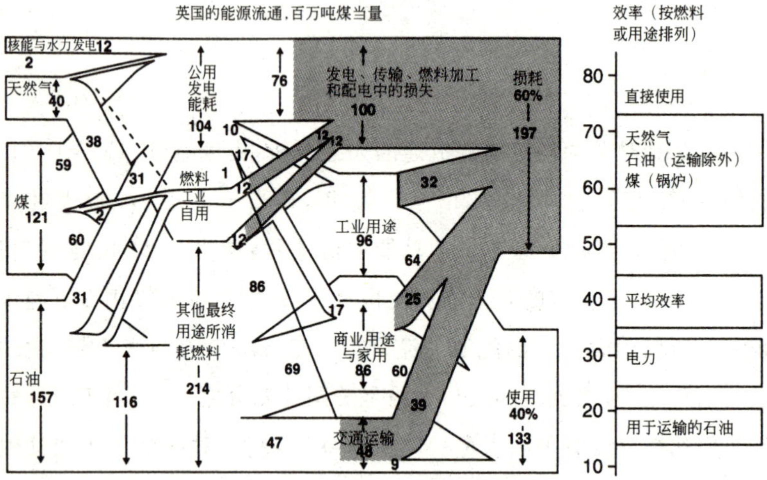

图 4.3 1972 年英国经济大致能源流通(百万吨煤当量)

基础的：直接使用天然气、石油、煤加热的效率为 53%～73%，用化石燃料和裂变燃料发电的效率为 24%～33%，石油用在运输上的效率为 14%～21%。由图可知，最大的耗损发生在发电和运输环节。库克假设，发电和配电的效率为 31%，运输为 12%，而工业总体则为 44%。这些数字清楚显示，我们光是靠燃料经济性，就能用不超过现在一半的燃料，来取得和当前相同的结果。如果我们愿意减少燃料消耗品的浪费，像是降低运输速度、避免不必要的加热与照明、并且消除内在陈旧性，那么我们可以把能源消耗减少到现在的四分之一，而生活水平却不会有显著的降低。

工业问题不如运输问题那么清楚明白，但最值得关注的三个行业是化工、冶金和石油炼制暨相关产业。这三种产业消耗了半数以上的工业能源。虽然这些产业的燃料成本多年来为人所关注，但只要提高投资，还是可以进一步大幅提高能源效率。44％的工业能源都用于生产加工用的蒸汽，那么要提高能源效率，就可以先考虑减少蒸汽的使用，而非提高锅炉的效率，因为后者的效率通常已经有70％～80％。

再谈谈家庭、办公室与商店能源的使用。大约有56％的能源用于室内暖气，12％用于热水，4％用于烹调，所以总共有72％用于低温加热。这部分的主要能源是电，所以在发电厂的燃料消耗是这个数字的4倍。照明相当于总能源消耗的5％，当然电力的使用在这个领域应该还是会继续占最大的比例，但即使是照明，美国的总消耗量也需4×10^{11}千瓦时/年，等于整个阿拉斯加输油管道的能源流量。照明系统的效率还有很大的改善空间。标准钨丝灯的能量其实只有一小部分能够转化为光。

4.2 人类使用能源对生态平衡的影响[⑦]

热污染

人类滥用化石燃料对当地气候产生了种种影响，如果我们打算继续增加化石燃料的使用，到了21世纪，地球上可能的80亿人口所使用的能源消耗量都跟如今已开发国家相同，也就是5吨煤当量/年人均，那么影响势必更广。这样一来，世界平均能耗将增至如今的3倍，世界总能耗将增为6倍。霍特尔和霍华(Hottel and Howard)[⑧]指出，1970年全球能源消耗率相当于地球所吸收太阳能的六千分之一，因此对整个地壳的供暖仍是微不足道的。

大气中二氧化碳含量的升高，是一大影响[⑨]。在工业革命初期，大气中的二氧化碳浓度约为百万分之290(290ppm)。但自1958年至1968年，浓度每年增加百万分之0.7。到了1971年，已经达到百万分之323，并且现在正以每年百万分之一的速度增加。二氧化碳浓度的增加，相当于燃烧化石燃料所排放的二氧化碳总量的一半，并代表二氧化碳排放量和陆生与海生植物的光合作用能吸收的量之间的平衡点提高了。

如图4.4所示，陆地和海洋植物的夏季生长期间，光合作用摄取量会导致二氧化碳浓度降低，所以夏季的浓度会有较大波动[10]。有人预测，如果化石燃料的消耗量继续以现在的速度增加，到了 2000 年，二氧化碳浓度将高达百万分之 380。

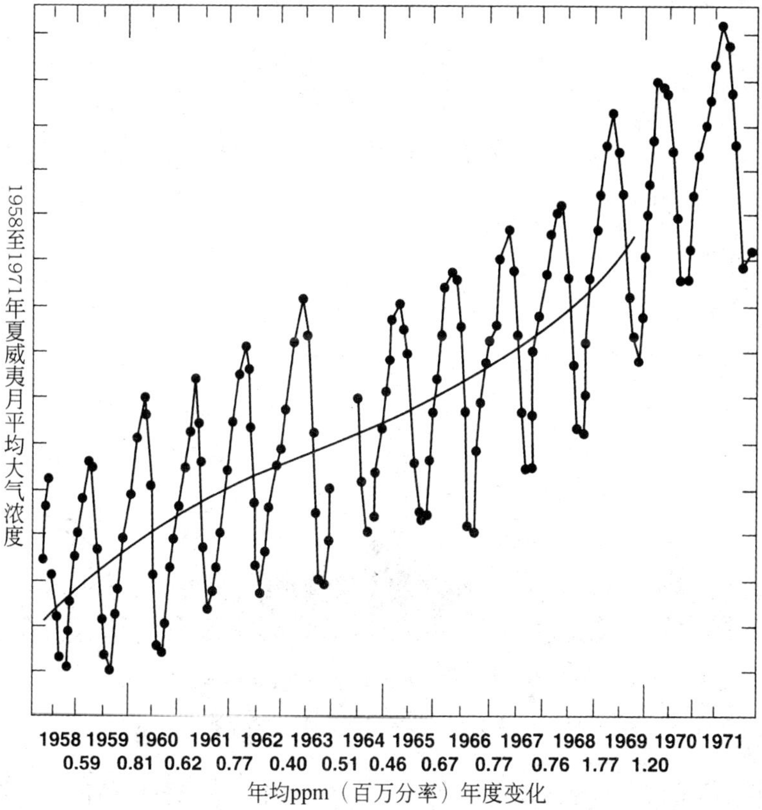

图 4.4 1958 年至 1971 年，夏威夷大气中二氧化碳的月平均浓度

大气中的二氧化碳会引起“温室效应”，因为二氧化碳对太阳辐射来说几乎是完全透明的，但却有红外线吸收带，会降低地球表面反射的低温辐射。这意味着，光是二氧化碳浓度增加，就会导致地球表面温度上升，就如温室的玻璃会令温室温度高于周围环境。根据计算，2000 年当二氧化碳浓度达百万分之 380 时，可能会使低层大气的平均温度上升摄氏 0.5 度。相反地，云层遮蔽的增加以及大气层中增加的粉尘，会反射更多的阳光，因此使地球的温度降低。有证据显示，目前这两者影响的不只是抵消二氧化碳的增长而已。

有证据显示，在苏联、瑞士阿尔卑斯山、北美的部分地区，在过去 50 年中，到达地表的太阳辐射降幅达 10%[11]。这也意味着，人类活动所导致的粉尘排放增加，会有显著的局部效应。

另一种热污染影响，则是因为大城市将大量的热排入大气，可能提高当地的气温。当释放的能量超过每平方公尺 10 瓦（即超过了日照的 10%），城市上空就会形成一层由逆温层挡住的暖空气，会让霾和雾增加，困住污染物（见图 4.5）。

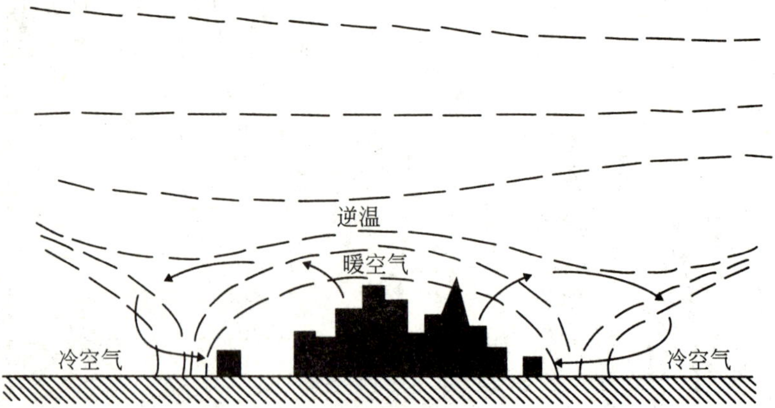

图 4.5　城市热气所产生的当地空气循环（取自 Bert Bolin，《能源与气候》，1975 年，未来研究秘书处，斯德哥尔摩）

最后，是大型火力发电厂所排放的热，它并没有和排放的蒸汽一起计入总能量。这些发电厂，为了强化总热效率，会以尽可能低的温度排放掉涡轮机消耗燃料所产生能量的 45%～55%。在英国，我们主要依赖大型冷却塔。在冷却塔中，用来冷却冷凝器的水，会慢慢流过超大自然通风塔底部的分配管上。其中大量的水会蒸发掉，所以一个 20 亿瓦发电厂的配套冷却塔，每天要蒸发掉 5,000 立方公尺的水[12]。这意味着，英国每年要为每一个人蒸发掉超过 8 吨的河水。虽然这些塔竖得很高，但这些额外的水分也曾经使得周围的空气水分超过饱和，因而造成浓雾。被带上冷却塔的水滴曾经引起一种问题，就是会导致附近道路积水，不过液滴清除器（droplet eliminator）已经解决了这个问题。不然也可以安装干式冷却塔系统，但成本稍高、总热效率又稍低了点。

美国人往往把这种废热排入湖泊和河流,在某些情况下这种做法已经使得水体温度升高,影响了正常的海洋生物。在寒冷的气候条件下,这样做当然可能缓解恶劣的气候。然而,有证据显示,排放极高的热能(30千瓦/平方公尺)会造成龙卷风,所以发电厂排放热能也是有上限的!

布林曾仔细研究过若人类总能源消耗增长10倍会产生的后果。他判断,区域影响顶多提高摄氏1度,但全球变迁却显示出严重的问题。直接的加热只不过会让平均温度升高摄氏0.1度,但大气中二氧化碳含量的加倍,则代表能量流的变化——在全球范围内,影响自然能量流的1%——这将大大扰乱目前的辐射平衡,还可能让气温提高摄氏2度[13]。如果全球化石燃料消耗量每年增加5%,在50到60年里,大气中的二氧化碳含量就会增加一倍;如果从大气到海洋(主要的储存槽)的二氧化碳化学平衡被破坏,成长一倍的时间就会锐减。不要忘了,占世界70%的未开发国家人口的人均能源消耗,是已开发国家人口的十分之一,所以,要让未来世界所有人口像现在的已开发国家人口一样消耗能源,显然根本就是不可能的事情。

曾经有人提出[14],大气二氧化碳上升的原因之中,人口扩张导致森林遭破坏所造成的影响,可能与每年烧掉的5吉吨(Gt,1吉吨$=10^9$吨)化石碳不相上下。大气中二氧化碳含量每年增加2.5吉吨,其余则进入海洋或陆地的生物质量。大气中的碳总量约为700吉吨,而在陆地生物质量中为1,800吉吨,深海中则为32,000吉吨。

葛瑞宾(Gribbin)总结了美国科学院的报告《能源与气候》:世界化石燃料消耗量若上升至30兆瓦(TW,1兆瓦=1,130百万吨煤当量/年)时,将产生如图4.6的二氧化碳量和温度上升。2050年后,能源将完全由煤来供应,因为石油和天然气将完全耗尽,如图4.7所示。

马兰(Marland)和罗堤(Rotty)[15]设想了一个模型,其中:

(1) 美国能耗由1974年的73Q($1Q=10^{15}$英制热单位/年$=1.055\times10^{18}$焦耳/年= 38百万吨煤当量/年)增长至2025年的125Q,其中15%是非化石能源(以核能和水力发电为主);

(2) 西欧、澳大利亚、日本总能耗每年增加2%,其中15%为非化石

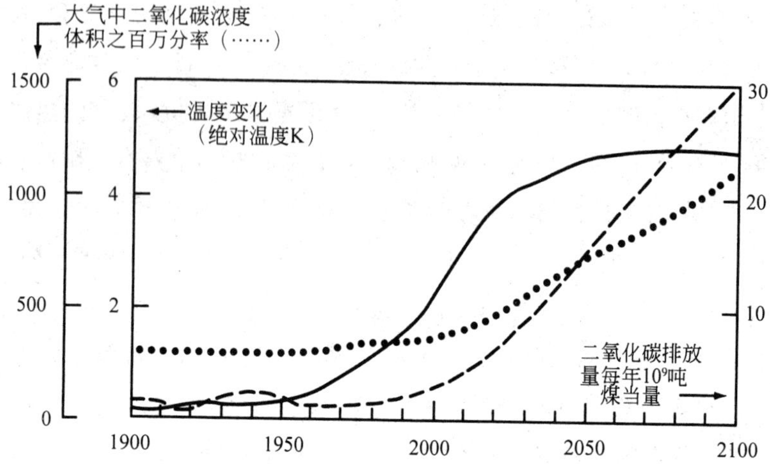

图 4.6　30 兆瓦(TW)化石燃料的二氧化碳影响之对策

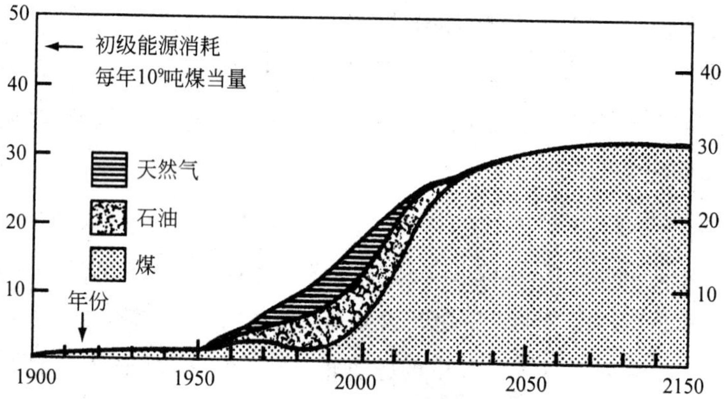

图 4.7　未来化石燃料的能源产量

能源；

(3) 统一规划的欧洲各经济体能耗每年增加 4%，其中 25% 为非化石能源；

(4) 统一规划的亚洲各经济体能耗每年增加 5.1%，全部为化石能源；

(5) 开发中国家能耗每年增加 5.5%，全部为化石能源。

这会导致世界能耗增长 4 倍，由 1974 年的 240Q，升至 2025 年的 1250Q；其中大部分是煤，而且半数的碳将滞留于大气层中。

不完全燃烧所造成的污染

一般而言，改善燃烧，是消除由未燃烧的烟尘、碳氢化合物和一氧化碳所产生污染的最佳方法，如此一来，燃料经济性和消除污染就可以携手并进。人类所制造的一氧化碳，大多来自车辆的汽油引擎。据估计[16]，人类的总排放量远小于海洋表面甲烷氧化，以及陆地上叶绿素分解的排放量。一氧化碳可能在平流层和适当的土壤里转化成二氧化碳。然而，在城市地区，尤其是道路隧道里、交通繁忙的狭小空间，一氧化碳可能很危险。当然，即使是低浓度的一氧化碳也是有毒的[17]，就算是更低的浓度也会引起头痛。为了要能对突然加速有灵敏反应，所以汽油引擎的运作是调整到按照化学式有利的那一边。如果废气从车顶高度排出，而不是贴地排放的话，废气通常很快就会吹散，但地面的空气比较不流通，堵车的时候后面的车就很容易吸入废气。

柴油引擎在任何条件下运转都有多余空气，除非是让它输出远远超过预定最大功率的力量，因为引擎运转时进气量几乎不变，依赖注入的燃料量来调控功率。柴油引擎吐浓烟，要不是因为这个原因、就是保养不善。

英国在 1955 年推行《清净空气法案》，主要是因为家庭的开放式火炉、锅炉、火炉烧的都是高挥发性的烟煤，烧起来浓烟滚滚。该法案使得这些地方从用煤转为使用煤气以及最近的天然气。等到这些燃料不再廉价时，就有可能再回头使用煤，并应用现有的知识，让煤烧起来没有烟。

硫

大多数的煤和蒸余油（提炼过汽油、煤油等后所剩下的重质馏分）含 1％～3％的硫。在正常燃烧的状况下，这部分的硫在烟囱里会以二氧化硫的形式出现，但如果氧气过多，那么，硫就可能会氧化成三氧化硫，在系统比较凉爽的地方会造成硫酸沉淀问题。排入大气的二氧化硫，最终会氧化成三氧化硫，然后以硫酸形式被冲刷下来。没有证据显示二氧化硫会累积在大气中[18]，证据显示二氧化硫在大气中的寿命可能短到一小时，也可能多达数周。到目前为止，英国一贯的政策是要大型发电厂造很高的烟囱，所以地面的浓度不高。河岸边的发电厂曾用湿式清洁器，但这当然会降低气体温度，也因此让地面浓度峰值接近烟囱底部的浓度。目前英国的硫排放总量据估计是6百万吨/年。看来，像英国这样地质以石灰土为主的国家，只要硫酸能扩散开，就不会造成伤害。但是，在挪威、瑞典这些基本上是花岗岩地质、酸性土壤的国家，硫酸就可能对树木、其他植物和鱼类造成极大的危害。有证据显示[19]，源自英国等西欧国家发电厂的大量硫酸飘抵挪威和瑞典，是造成两国损失的主要原因。有人提出，这是因为气体对微小分子有吸附作用，使得盛行风到处吹送的时候，硫酸无法全部被冲刷掉。通过湿式和干式处理，可以将燃烧气体中的二氧化硫和三氧化硫提取出来，但这样成本很高，并且处理的量要大。霍特尔和霍华引用的数据显示，花费大约是0.0025美元/千瓦时，而且他们认为在燃烧前阶段就为燃料去硫，会更有吸引力。

氮氧化物

高温燃烧时，特别是在有多余氧气的情况下，能产生大量的氮氧化物。一般天然来源的排放量，大约是人类活动的30倍，而无论如何，氮氧化物最终都会成为农业固氮的有用来源。然而在洛杉矶地区，氮氧化物却造成了问题，因为伴随着的还有长达一周的逆温现象，以及大量的碳氢化合物排放与强烈的太阳辐射。这会导致臭氧形成，而臭氧对人体有害（特别是刺激眼睛），也会影响植物，造成橡胶老化。据说，洛杉矶方圆80公里范围内，种植柑橘无利可图[20]。

铅

铅是具有潜伏性、会积聚在中枢神经系统的有毒物质。会造成中毒者易怒，而当体内浓度较高时，会导致精神失常甚至死亡。格陵兰的雪可以用来追踪铅含量的上升，因为每年都会落下一层新雪；结果如图 4.8 所示。铅含量的第一次上升，正好对应到 1750 年后因工业革命开始、大量提炼铅所造成的废气排放。1940 年起，铅含量迅速上升，因为铅被用作汽油添加剂（车用汽油含量为百万分之 400）。1970 年，全世界大约使用 35 万吨铅，特别是大多数汽车所在的北半球。1971 年，英国约使用了 1 万吨铅。其中约 70%作为喷雾剂用，从废气管排出，可能附着在小团的碳粒子上，而整个粒子的平均大小不到 1 微米（μm）。在车流量正常的市区街道上，灰尘含量为 0.1%到 0.3%[21]，但在某些工业来源附近，含量可

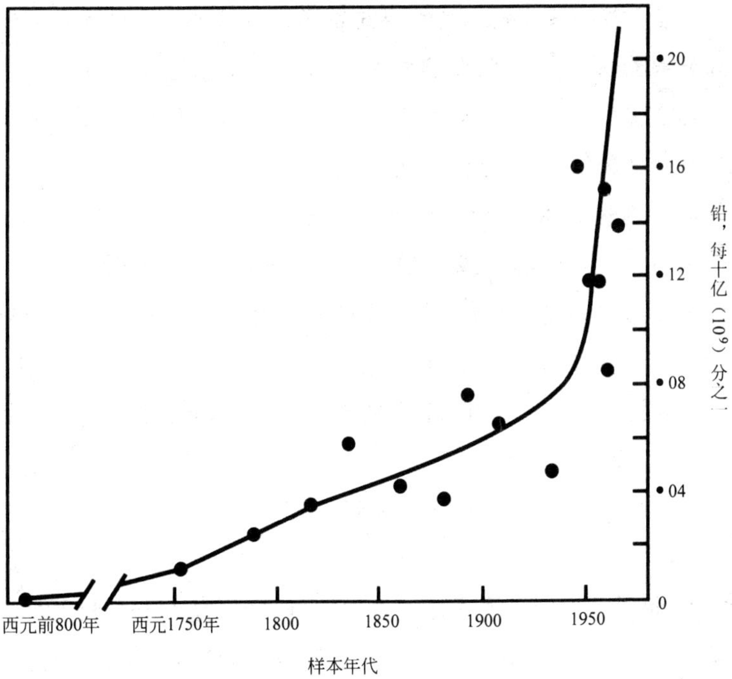

图 4.8 格陵兰世纪营(Camp Century)雪中铅含量的增加，始于西元前 800 年

能是前者的 10 倍。舰队街(Fleet Street)的空气,则是 3.2μg/立方公尺[22]。在高速公路周围,如果朝远离公路的地方前进,铅含量就会锐减,这是可以证明的。最近的一项研究[23]显示,在繁忙道路附近吃草的羊,肾、肝、肺都含有大量的铅,食用这些内脏对人类伤害极大。有一个目前已经可以办到、又能完全去除车辆制造的铅的简单做法,就是舍弃火花点火引擎,改用柴油。

燃烧和使用化石燃料导致的各式污染

特定的工业会排放大量氟化氢和氯化氢[24],可能对烟囱附近的植被以及放牧的动物造成伤害。

磨碎燃料燃烧系统(Pulverized fuel combustion system)能有效净化气体、去除其中的灰,而现在已经能有效利用这些灰,作为填土用的轻质混凝土骨料。所有固态燃料燃烧系统都要求气体要充分洁净,小型的需要旋风分离器,大型的则需要静电滤尘器、袋式除尘器、湿式清洗器。

蔓延在美丽山谷里的巨大高压电塔和电线,让很多人抱怨煞风景。但若要有全面的供电网,这似乎就不可避免,因为在地下铺设电线的成本是高架输电线的 16 倍以上。所以,在世界各地建造大型发电厂、为 80 亿人提供电力,并不是解决人类问题的实用方案,这也是原因之一。

另一个必须一提的问题,是大型油轮在海上排放石油与石油外泄。石油与海水乳化,形成浓稠的油污,会污染全世界的海岸线,并严重危害海洋生物和海鸟。这一切都有已知办法可以避免,问题是要花更多的钱。

噪音

迄今,最重要的混乱噪音源自交通工具,特别是大卡车和飞机,不过工业噪音也很严重。乱流火焰会产生刺耳噪音,高强度氧燃料烧嘴尤其如此。火焰前进面的波动会产生噪音,只要稳定住就能杜绝这种效应。只要多加研究,就能大量减少这些问题。

结论:燃烧化石燃料所引起的污染

(1) 大气中二氧化碳的增加导致天气变化,有必要限制全球煤和木材等燃料的使用量,不可超过当前数字的两倍。

(2) 必须投入更多的资金,以减少因燃料燃烧而排放进大气的各种污染物和噪音。这就需要在已知方法上作更进一步的研究与投资。

4.3 化石燃料

煤

无烟煤、烟煤、褐煤、泥煤等固态燃料，是目前全球蕴含量最高的化石燃料。有的煤层较厚、靠近地表，可露天开采；有的则较深、较薄，位于地底或深海之下。煤的储量大大超过天然气和液体燃料，因为有机物质积聚形成厚层、再被沉积岩覆盖的过程在自然界比较普遍。相较之下，有机物质形成的气体和液体，渗入如倒置茶碟的不透水岩层圆顶下的透水岩中，并被下方的水层挡住，比较不容易保存。这三种化石燃料的硫含量都很高。以固体燃料而言，硫会以硫化金属矿类的形态存在于灰烬里，或是以有机硫化物的形态存在于可燃物中。在这两种情况下，硫最终都会成为可燃气体中的硫化物。

采煤可以追溯到罗马时代，当时采煤号称是奴隶所能经历的最悲惨命运。尽管如今的安全措施已有巨大改善，但在矿下工作一样有危险。每天得从通风井前进到采煤表面，又长又危险的地下行程仍然难免。而机械化程度的提高又增加了通风的难度，难以控制粉尘含量、保护工作面的工人晚年免受肺尘症困扰。现代的煤矿切割器械（如滚筒采煤机），以及煤的传送系统（如铠装链式传送带）的发展，使得每一人次的产出大大提高，但这些机器的故障率仍高，导致产量减少几成。尽管“长壁法”已经取代陈旧的“房柱式”采矿法，但采得率仍只有四成。

尽管存在这些弊端，工业革命根本上还是依靠煤，直到第一次世界大战，英国的年产量为 2 亿 7,000 万吨/年。在当时，如图 4.9 所示[25]，煤占美国能源供应的 75%，但因为石油和天然气的使用增加，煤的比例因而逐年下降。图 4.10 是英国截至 1970 年为止的煤产量。图 4.11 所示，自此英国的石油逐步取代煤。

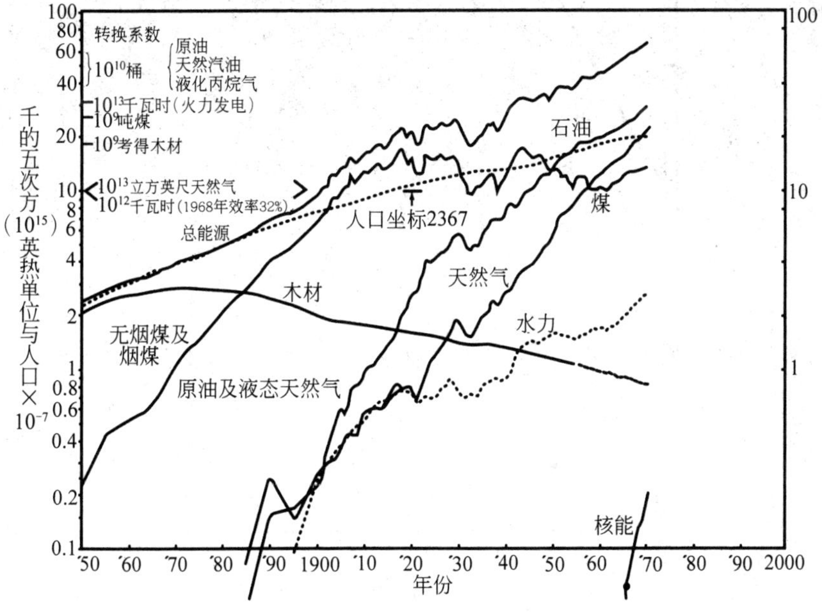

图 4.9

对其他国家的研究则显示，在英国煤产量减少期间，某些国家的煤产量持续增加。该研究取自柯林斯（H. E. Collins）《复兴的煤产业》一书（*Colliery Guardian* publication，1975）。

美国的煤矿

美国的煤矿储量巨大：可能储量为 3×10^{12} 吨，其中的二十分之一已勘探，开采方面也有经济效益。但即使是这个数字，也并不完整，因为这只

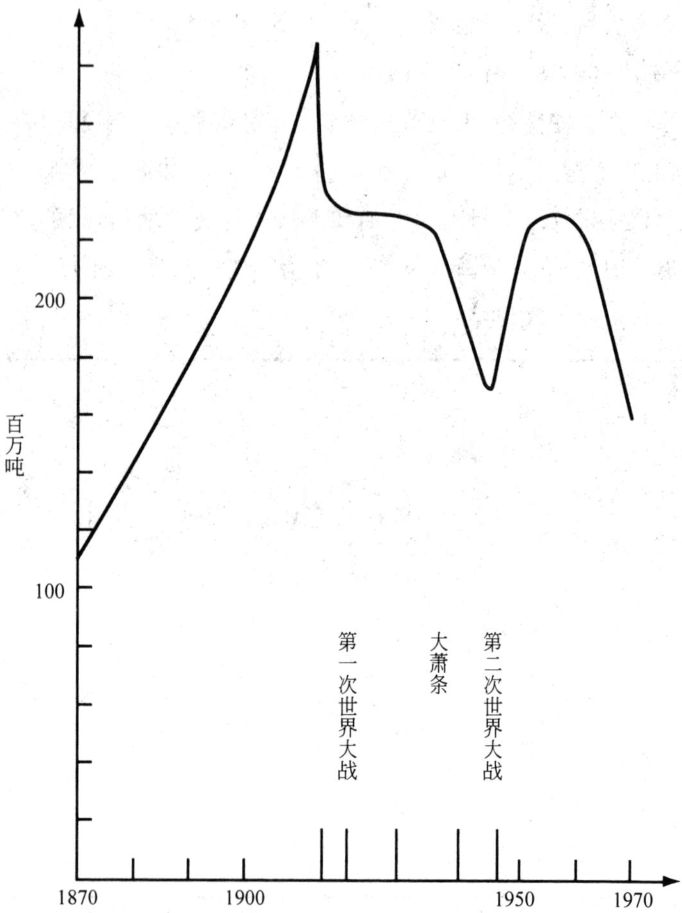

图 4.10 1870—1970 年英国的煤产量

包括靠近地表、可人工开采的煤层。如果纳入距离地表较深以及海底的煤矿，那么这个数字将增加一到二倍。从 1969 到 1974 年，美国能源消耗总量增长了 30%，为 2,600 百万吨煤当量。相当于 2 亿人口每年的人均能耗为 13 吨煤当量。在这个总量中，45%是石油，其中一半目前靠进口，30%是大量蕴藏的天然气，20%是煤，3.9%是水力发电，而 1.1%是核能发电。即使能阻止美国的能耗总量成长，但对地球有限石油资源的竞争，势必导致美国本国煤产量的增加。适合露天开采的煤储量为 5×10^{10} 吨，仅为总储量的六十分之一。然而，因为露天开采极为便捷，1975 年约有 50%的煤都是露天开采而来，且有增加的计划。1974 年之前 10 年间，煤

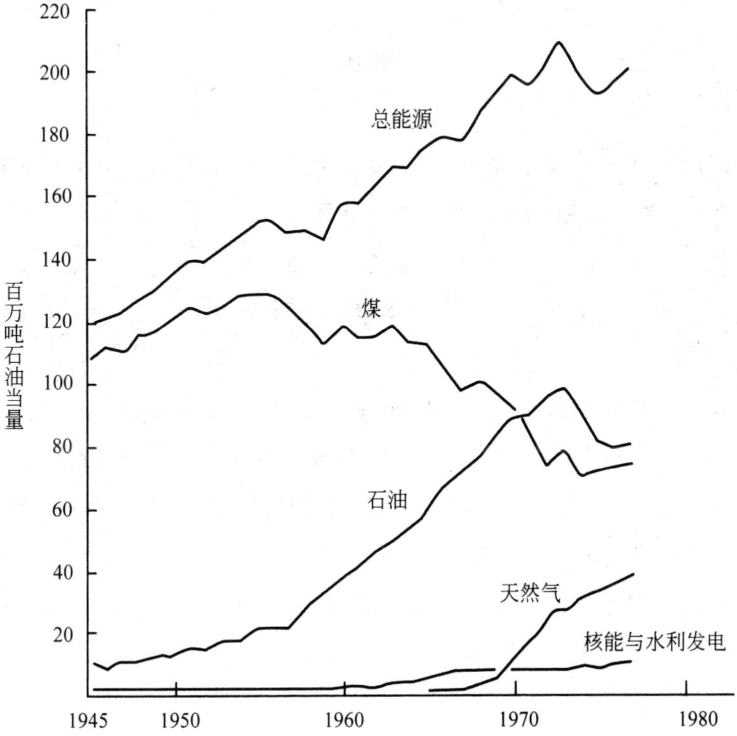

图 4.11 1945—1977 年英国能源消耗

产量持续增加，至 1974 年达到 6 亿吨，并计划在 1985 年达到 11 亿吨。

加拿大

加拿大的情况与美国有些相似，初级能源的总消耗稳步上升，在 1974 年达到每年 2 亿 5,000 万吨。其中煤仅占 11%，石油占 47%，天然气占 31%。煤的消耗量大体不变，为每年 2,400 万吨，但煤的年产量由 1969 年的每年 9 百万吨，增至 1973 年时的每年 2,200 百吨，现在则是每年 2,500 百万吨。东部的煤田已经开采超过一个世纪，不过西部煤田正逐步取而代之。煤矿总资源估计为 0.12×10^{12} 吨，其中，80%位于亚伯达和英属哥伦比亚的西部煤田。萨克其万则拥有适合露天开采、也适合用于发电厂的褐煤。

澳洲

澳洲的煤矿总储量为 0.2×10^{12} 吨，其中可以用现有技术开采的量为 3×10^{10} 吨。发电用煤量预计将会显著增长。

南非

南非向来以浪费的“房柱法”开采煤矿，大概只能采得 20％的煤矿。这 30 年来，煤产量稳定增加，并于 1973 年达到每年 6,200 万吨。煤矿总储量估计约为 8×10^{10} 吨，确定可开采的量估计约为 2×10^{10} 吨。多年来南非一直经营有煤转油工厂（SASOL，沙索公司），而由于进口原油价格很高，所以计划把工厂目前每年为 4 百万吨碳（MTC）的处理量扩大 40％。同时也在考虑兴建第二间工厂的可能性。

印度

印度和非洲的采煤量始终稳定上升。印度的煤资源总量估计有 0.1×10^{12} 吨，其中 2×10^{9} 为褐煤。煤向来都是出自深矿，不过现在也逐步发展露天煤矿来开采烟煤。煤的年产量由 1969 年的 7,600 万吨增至 1973 年的 8,100 万吨。预计到 80 年代初期，将把煤的生产和使用量提高到每年 1 亿 4,000 万吨。

日本

在日本，初级能源消耗从二次世界大战后开始稳定增加，达到每年 3 亿 6,000 万吨煤当量。其中 80％来自进口的石油和煤（1974）。初级能源总消耗量的三分之一是用于发电，不过装机容量为 500 亿瓦。其中 72％靠燃油、4％靠燃煤、3％是核能，其余则是水力发电。水力发电的潜能估计为30亿瓦,1980年将能完全利用。日本正加紧安装核能发电厂。日本的煤总储量估计为2×10^{10}吨,但出于经济因素,可开采量仅为其中二十分之一。日本的煤产量在1960年代上升至每年5,500万吨,但随后却下降,到了1971年仅产煤2,200万吨,进口5,000万吨。

中国

中国煤炭储量据估计有0.3×10^{12}吨,其中约四分之一为已经过证实的矿藏。然而,如果能找到开采的方法,煤矿的总藏量可能高达1.0×10^{12}吨。1958年,中国煤产量为每年2.7亿吨。一般相信目前年产约为4亿吨。目前中国的总能耗约为每年5亿吨煤当量,所以其中80%来自煤。中国已经是世界第三产煤大国,估计其产量还会逐步上升。

英国

英国的初级能源总消耗见图4.3(人口5,500万)。1973年总能耗仅略为超出每人每年6吨煤当量。烟煤及无烟煤总储量可能超过2×10^{10}吨,可开采量估计有6×10^{9}吨。这还不包括近年在北海钻探石油时所发现、储量可能相当于英国本土的海底煤矿。1950年至1973年,煤产量不断萎缩,但现在有计划运用传统开采方法,增加现代矿坑的产量至每年1亿5,000万吨。

德国

1974年,西德的初级能源总消耗量约为每年3亿5,000万吨煤当量。从之前5年开始,煤的比例已经由40%跌至25%,而大部分仰赖进口的石油,则升至55%;并且也从荷兰进口大量天然气。发电主要依靠燃烧褐煤和硬煤的火力发电厂,核能发电只占4%,但未来核能发电的比例将快速提高。硬煤总储量为7×10^{10}吨,其中3×10^{10}吨是可以开采的。褐煤总储量估计为 6×10^{10} 吨，其中 1×10^{10} 吨是可以开采的。硬煤年产量在 1950 年代已经达到每年 1 亿 5,000 吨的峰值，但现在已经降至每年 1 亿吨以下。褐煤年产量已经稳定上升至每年 1 亿 2,000 万吨；其中三分之二直接由比邻的发电厂消耗。开采方式是高度机械化的露天煤矿。褐煤发电量占总发电量的 33%，而硬煤发电量占 30%。

苏联

苏联的各种煤矿储量估计共为 6×10^{12} 吨。而经济性够高、可开采的硬煤数量为 165×10^{9} 吨，褐煤为 107×10^{9} 吨。水力发电潜力估计为 4,000 亿瓦，其中至少一半可用于水力发电，而 1974 年水力发电量为 600 亿瓦。1974 年的初级能源总产量是每年 1.5×10^{9} 吨煤当量，其中 1.2×10^{9} 吨煤当量/年仅供应俄罗斯本国使用。煤在总能源供应中的比例，由 1963 年的 50%，削减至 1973 年的 30%，但这段时间的年实际消耗量则始终在增长。预计不用到 20 世纪末，高度机械化露天煤矿和深矿的产量就将达到惊人的每年 1.0 到 1.2×10^{9} 吨。

波兰

波兰的初级能源总消耗量，在 1974 年约为 1 亿 5,000 万吨煤当量，其中 80%为本地的煤与褐煤。烟煤总储量估计有 10×10^{10} 吨，半数被认为值得开采。其中四分之一靠近现有或正在兴建的煤矿。波兰现在是世界第四大烟煤生产国，年产量 1 亿 6,000 万吨。预计 1985 年将达每年 2 亿 1,500 万吨，2000 年将达每年 3 亿吨。波兰出口大约 4,000 万吨硬煤。褐煤年产量已升至每年 4,000 万吨，预计还将进一步上升。在上西里西亚(Silesian)的煤田，开采工作在厚重的强化表层地区底下进行，所有废物和砂石都从地表液压传送走，用于填充，以防地面沉降。厚度为 10 公尺的煤层，每次从底部开采 3 公尺，然后液压填充，这样挖下一层时就能在结实的砂石层上进行了。

世界煤炭资源

表 4.2 是各大洲的世界煤矿资源及产量。前两栏是值得开采的硬煤和软煤，第三栏是各类煤矿的探勘储量，第四栏则是各种煤矿的世界资源总量。该栏最底下的世界资源总量 10.8×10^{12} 吨，只是位于陆地上、且深度为矿工可达的煤矿估计值。如果能够发展出不必让矿工进入地下就能采煤的方法，那么我们就能到海底和更深的地方采矿，这个数字也将增加数倍。

国家	可经济开采的硬煤(×1 百万吨)	科技开采的低品位煤炭(×1 百万吨)	所有种类实测储量(×1 百万吨)	所有种类资源总量(×1 百万吨)	占世界资源百分比	1975 年无烟煤产量(×1 百万吨)	占世界煤炭产量百分比
欧洲及苏联的亚洲部分	165,800*	107,400*	73,204	5,713,681	53.0	536.0	22.4
北美及中美洲总量	128,320	59,680	377,912	3,045,280	28.2	593.2	24.8
亚洲总量	114,668	1,477	240,377	1,118,823	10.4	635.3	26.6
欧洲总量	41,292	37,676	300,918	638,206	5.9	472.1	19.8
大洋洲总量	13,805	10,709	74,694	199,641	1.9	68.6	2.9
非洲总量	12,335	315	26,607	52,029	0.5	74.9	3.1
南美洲总量	60	1,814	3,762	14,097	0.1	8.6	0.4
世界总量	472,280	219,071	1,297,474	10,781,757	100.0	2,388.7	100.0

主要来源:《世界能源委员会能源资源调查》,1974 年
次要来源:《世界动力协会能源资源调查》,1968 年
产量数据:《国际煤贸易》,美国内政部,1976 年 4 月 4 日,第 45 卷
硬煤,包括无烟煤和烟煤
低品位煤炭,包括亚烟煤和褐煤
资源总量,包括实测、推定和推测资源
*《世界煤炭》估计值

表 4.2 世界煤炭资源及产量(取自《世界煤炭》,1976 年 11 月,第二卷,11 月号,第 37 页)

石油

石油存在于多孔岩石中的小空间，一般要利用钻探，穿过挡住石油的

不透水岩盖层才能取得，有时石油上方会有天然气、下方会有水。现在的油井越钻越深，海底钻探也是如此。如果原油被压力挤上地表、或是可以直接汲取，则称为初期采油（primary recovery），在美国，这就占了原油蕴涵量的25%。二期采收（secondary recovery）指的则是在油层底下注水，或在上层注入气体，增加油层压力，迫使石油流向油井。某些状况下可以使用三期采收（tertiary recovery），也就是注入蒸汽加热油层、或加入化学药剂以降低石油黏度的采油法。目前，美国的石油采收率大约32%，希望最终能达到40%以上。已探勘的世界油田的最大年生产率，仅为估计储量的十五分之一。这意味着，迟早有一天世界需求会超过探明储量的十五分之一，到时候对石油的需求将无法满足。

有关世界石油储量和资源的文献当然所在多有，如图4.12表示的

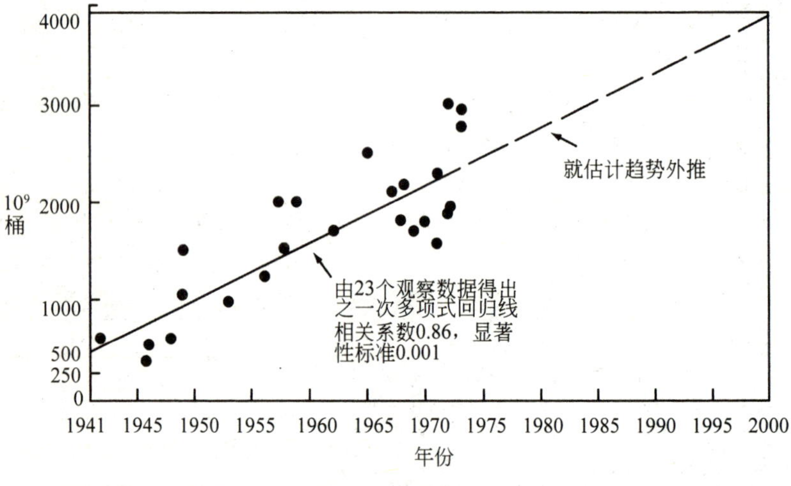

图4.12　世界最终石油资源估计值趋势（根据1942年至1975年的23个估计值得出）（摘自《石油的压力》（*The Pressure of Oil*），P. R. Odell and L. Valenilla，1978年，Harper and Row，London）

是最终石油资源估计值，以及1942年至1975年间的增长趋势。假设5桶石油等于1吨煤当量，那么$2{,}000\times10^9$桶就相当于0.4×10^{12}吨煤当量。世界能源会议能源保护委员会于1977年取得了27项世界石油资源总量估计值，其中18项由石油公司提供，其均值为300×10^9吨石油，要说明的是截至1977年，已开采了石油45×10^9吨。即石油资源总量相当

于 0.45×10^{12} 吨煤当量，为煤炭资源总量的十四分之一。

图 4.13 为假设世界资源总量为 0.4×10^{12} 吨煤当量时，累计产量和累计探明储量的关系。这一对比表明，在 1995 年左右，全球石油使

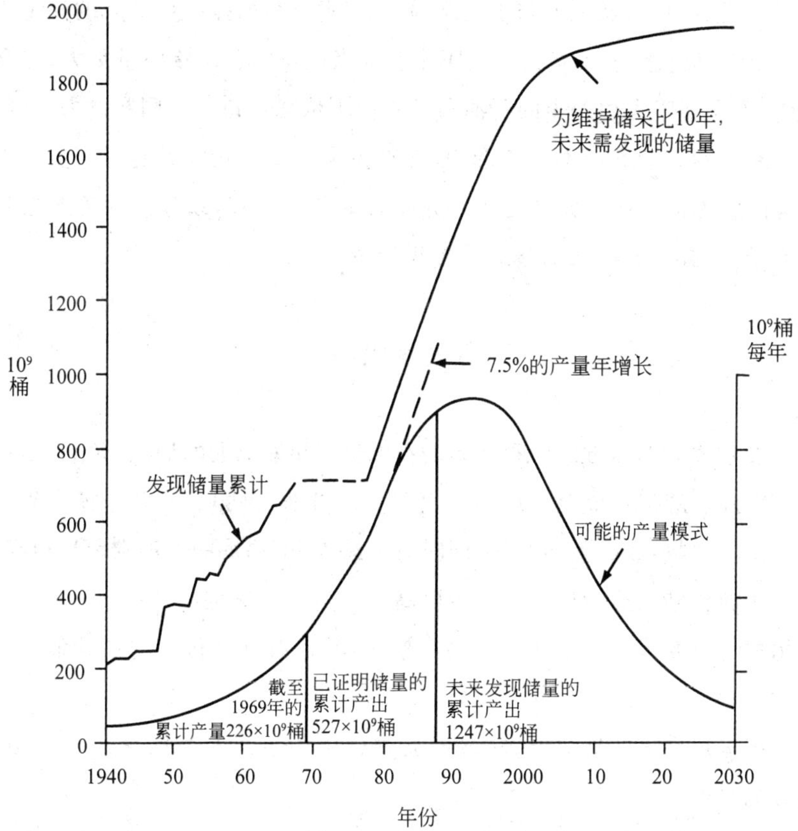

图 4.13 以 2,000×10^9 桶为基数，需求增长为每年 7.5% 时的世界石油储量与产量（摘自《石油的压力》，P. R. Odell and L. Valenilla，1978 年，Harper and Row，London）

用量必将减少，这也是现在大多数石油公司的观点。然而，奥戴尔（Odell[26]）比较乐观，他认为可以按现有趋势线性推断，资源总量将达 0.8×10^{12} 吨煤当量，他又假设石油需求增长会由每年 7%～8% 骤降至 3%，因为随着油价攀升，已开发国家用油量的成长将减缓。他的论点似乎丝毫没有考虑到较未开发国家的需求。但基于他对资源总量的乐观估计和用油量的缓慢成长预测曲线，他得出 2025 年产量将达到 16×10^9 吨

煤当量的峰值。

截至1975年底，已探明的石油储量为0.11×10^{12}吨煤当量，其中大约80%来自石油输出国家组织(OPEC)成员国。该组织主要以中东国家为主，但也包括奈及利亚与委内瑞拉。1974年美国探明可开采的储量为9×10^{9}吨煤当量，但推定储量说不定有前者的10倍，总资源量更大；尽管如此，现在美国大约一半的石油需求不得不依靠进口。中国在过去20年中不断开发石油和天然气资源，现在产量为每年7,500万吨煤当量。大有可能成为世界产油大国之一。苏联石油蕴藏丰富，现年产约为7亿吨煤当量，总储量高达0.15×10^{12}吨煤当量。

石油替代品

加拿大亚伯达省的沥青砂中的石油储量可观，但想从中提炼石油，成本要比抽取液态石油至少提高一倍。提炼方法有两种，或开采沥青砂然后以蒸汽加热，或是就地加热；同时有个缺点，即提炼的石油碳氢比很高，以至于沥青砂在蒸馏后会有一半以高含硫量的石油焦形式留存下来。奥戴尔估计储量有0.4×10^{12}吨煤当量，但其他有开采价值的估计值则低很多。

根据加拿大的地质调查，该国沥青砂中的潜在石油储量达70×10^{9}吨煤当量[27]。

油页岩在全球许多地方都大量存在，但其中了不起也只含有几个百分点的石油，而目前唯一能提炼其中石油的可行方法，是以传统采矿方法挖掘，然后以蒸馏器提取。直至二次世界大战结束，爱丁堡地区还固定会用这种方法提取石油。这将永远都是一种十分昂贵的制程。

第一次世界大战刚结束，就已经开始研究如何以煤来制油。二次大战中，德国石油的主要来源就是褐煤。英国在两次世界大战期间设立了比林罕(Billingham)工厂，利用使无烟煤氢化的方法来生产石油，但很快就发现这很不经济，于是转为以制造焦炭的副产品——杂酚油加以氢化后来制造。氢化是在催化剂的作用下，于摄氏450度的高温与高压下进行的。工序中加入的氢，是以煤制造水煤气后，再提取一氧化碳后所得。另一种主要制程则是"费托氏法"(Fischer-Tropsch process)，南非的沙索公司就是用这个方法。煤和蒸汽与氧气混合气化，在与蒸汽进一步反应后，产生一种气体，其氢气含量约为一氧化碳的两倍。这种合成气体在中等压力下和催化剂反应。然而这种制程的总热效率低(约为30%)，而氢化过程的热效率高达70%(即产生石油的热值和投入煤的热值之比)。因此，煤转油与同等热量的煤的额外支出，主要是转化过程中损失的煤以及投资、运营工厂的成本。不过，如果采矿方法能发展到不需矿工进入地下，就能把煤运上地表，那么等到可汲取的石油耗尽后，这样将能取得额外的大量高品质石油。

天然气

天然气通常被困在石油上方，可以与石油一起开采，虽然有些油井只出产天然气，像那些地处英国和荷兰之间，位于北海南部的油气田正是如此。约有80%的天然气可以钻孔开采。在中东，天然气的热值仅为相应石油热值的十分之一到六分之一；而由于铺设特殊管线来运输并不方便，所以过去天然气都是白白烧掉的。无论采取管线运输或是海运，天然气的运输成本都大大超过石油。最近，天然气被液化，并以液化天然气(LNG，liquefied natural gas)形态，利用大型油轮运至负担得起的工业发达国家。

表4.3为世界各地天然气可开采储量之估计值，但亚洲的资料中，中国的资料可能并不完整。有趣的是，虽然中东拥有世界80%的原油资源，却只有不到20%的天然气资源。柯林斯(Collins)指出，美国目前的已证实储量足够供应10年之久。而他相信，一旦美国沿海的蕴藏可以开采，就足够供应长达40年。天然气极其低廉、干净[28]、便捷，是有多种特定用途的理想燃料。所以我们的子孙想必会认为，为了便于采油而白白烧掉天然气、或在煤炭完全足以胜任的情况下使用天然气，对他们来说一点也不公平。除了以管线运输供直接使用和液化外，天然气还能转化成

	天然气	原油	油页岩和沥青砂
非洲	8.4	23	4.2
中东	15.1	91	38
亚洲	3.8	7.6	4.2
欧洲	>6.3	>2.1	>4.2
苏联	25.2	14.7	6.3
美国	12.6	10.5	270
加拿大	4.2	2.1	137
南美洲	2.1	14.7	>2.1
澳洲	>2.1	0.4	
全世界	82	166	460

摘自怀特(N. A. White),“下个世纪的能源成本”,摘自《能源世界》,1977 年 11 月第 42 期第 3 页。

单位:10^9 吨煤当量

表 4.3 估计可开采之天然气与原油储量

甲醇或其他醇类,作为液体常规运输,或者用于就地发电。德国近年来曾经提出,针对混有天然气的海上油田,可以建立浮水的燃气轮机发电厂,将电送上岸。

化石燃料地位总结

表 4.4 是比较前几小节中化石燃料的估计值,表 4.5 则是英国本国的燃料资源。

陆地植物自然沉积,经过几百万年形成煤炭、液态的石油、天然气等化石燃料蕴藏。这几百万年中,到达地球的阳光仅有一小部分在植物生长过程中被捕获,也仅有一小部分植物的成长被自然储存下来。不过,这些化石燃料的能源的源头都来自太阳。

显然,不必一个世纪,我们的文明就将耗尽这些液态和气态的碳氢化合物。我们知道怎么用,而且打算只要合用就尽量用。就以煤矿来说,或许可以撑个几百年,因为储量巨大、人工开采又不是那么方便。有观点认为,占世界三分之二人口的未开发国家,应该享受化石燃料的一切好处。

	储量 （×10⁹ 吨标煤）	资源总量 （×10⁹ 吨标煤）	可以新方法开采的 资源（×10⁹ 吨标煤）
煤	1,300	10,800	21,000[1]
石油	166	350	700[2]
天然气	82	200	500[3]
油页岩和沥青砂	460	900	10,000[4]
铀	17	43[6]	5,000[5]

1 假设遥控采矿发展到能在离岸 100 公里，深 3,000 公尺处开采薄至 0.5 公尺的煤层。

2 假设找到了能取得所有储量 90%的方法。

3 假设连最遥远储藏点的天然气都全部可以开采和利用。

4 假设找到了提炼高浓度石油的实用方法。

5 假设有成功的增殖反应堆，并能从花岗岩中提炼铀。

6 数据摘自"世界铀资源"，《能源世界》，1978 年 6 月，第 2 页；假设为热中子反应堆，1 吨铀约相当于 1 万吨煤当量，总资源成本达每公斤铀 130 美元。

表 4.4 全球化石燃料储量和资源

	年限	百万吨煤当量 /每年	总计 百万吨煤当量
煤(传统开采)	50	120	6,000
煤(遥控开采)	200	250	50,000
煤矿废料(吨煤当量)	50	15	750
核能(裂变)	30	50	1,500
废热	200	50	10,000
焚烧	50	25	1,250
太阳能	无年限	100	
北海石油	25	150	3,750
北海天然气	25	50	1,250
核能(聚变)			
潮汐能	无年限	1	
水力发电	无年限	5	

表 4.5 英国本国燃料资源

由这个观点和前文的研究，可以得出三个从人类长期利益出发的结论：

（1）液态石油、天然气这两种化石燃料的便捷性其他燃料难以媲美，但其供应量却大大小于煤炭，因此被视为优质燃料，应该只能在无可取代的情况下使用。举例来说，没有哪种已知的化学物质，能比得上液态碳氢化合物，因为后者可以作为空中、公路、海洋运输用的燃料，又能大量地便宜取得[29]。原因是：(i)两者单位重量和体积的热值高，(ii)与周围14倍自身重量的空气反应，(iii)是一种液体，可利用油罐车常压运输，或以小径管线输送。

依此结论，从我们子孙的角度考虑，在发电厂、家用暖气或工业加热等用途完全可以烧煤的情况下烧石油，就是一种犯罪。当然，将这种珍贵的优质燃料浪费在毫无必要的大型引擎，或白白烧掉天然气也同样是犯罪。

(2) 如果此后全世界能耗要由煤矿来供应100年，同时，因为4.2节中“热污染”部分讨论过，由于二氧化碳排放限制问题，我们必须控制世界煤消耗总量增长不超过一倍，那么随着世界人口的成长一倍，人均消耗量必须大体维持在当前水准。要做到这点，已开发国家就必须将人均能耗降至当前世界平均水准，也就是每人每年1.8吨煤当量。

(3) 我们需要在30年内增加全球煤产量一到两倍，以提供世界所有人口(80亿人)每人1.8吨煤当量，也要供应目前使用石油、天然气，但煤也能立即替代的各种用途。

4.4 煤及其他固体矿产的遥控开采

采煤比采油更贵的根本原因，是必须由人进入矿坑去把煤运上地表。这就需要安全措施、日常运输、通风设施、净空高度和其他人类作业的必要条件。三十多年来，核能工业一直依赖遥控系统运行，因为人无法靠近高放射性物质，也就是在处理核燃料、为反应堆加燃料时会接触到的那些物质。现在已经有可能将这些遥控系统应用于采矿。

遥控系统意为“远处的手”，也就是让技工在电线的另一头发挥技能，那么他就能在远处安全的地方组装、操作、维护和修理机器。自动化开采煤矿已经发展了一段时间，但自动器械时常会故障，就和挖煤、运煤的非自动化机械一样。结果，尽管三班运作，工作条件也大大改善，但连续采煤机只有35%的时间在工作。一旦故障，就必须有人大费周章地爬到故障点，才能修理。

有高速采煤和运煤机械的矿坑，其通风措施无法做到让在里面工作了一辈子的矿工都不会得肺尘症。尽管如今采取了非常仔细的预防措施，但是矿坑里仍会有事故发生。

矿坑内的某些工作，像是更换滚筒采煤机坏掉的刀齿，就必须在极不舒适的条件下进行。随着采煤工作面离通风井越来越远，矿工每天走到工作面的距离也逐渐增长；由于机械化与自动化的应用，煤的开采率由长壁式开采时的 80% 降至大约 40%。现在，为了运输和通风，离工作面不到几英里就必须要有通风井，结果矿区布满了井坑，也就不可能在离海岸线几公里外采煤。最后，不得不谈谈开采沉陷问题。这对大地的破坏极大，也限制了在城市地底采煤的可能。不过前文曾经提到，可以注入沙石，填补破坏之处，但这也是更昂贵的技术。

前一节清楚说过，地下的煤矿蕴藏量是石油和天然气总和的 20 倍，如果我们能突破倚赖矿工到工作面采矿的限制，就能取得更多煤矿。图 4.14 是遥控采矿作业的示意图。不超过煤层厚度（有时厚度仅为 0.5 米）、适合在巷道上行进的一个物体，配备有两个肩膀、机械臂和手，并装载立体的监视系统，像是两具摄影机和一个照明系统。机械手有力反馈和接触反馈，而监视系统让地面工作人员能看见机械手，并感知机械手所做的一切，就仿佛自己戴着手套亲自动手一样。工作人员能控制任何工具，而机械手的力量比他自己的双手还要强上 10 倍，甚至 1,000 倍，因此他可以举起 1 吨重的东西，就好像举 1 公斤的东西一样。在较厚的煤层中工作时，机械臂也可以加长。我们可以先设想由多具遥控机器操控目前现有的挖煤、运煤器械。当然，到最后这些现有的机器都重新设计，并整合到遥控机器人的工作系统中。

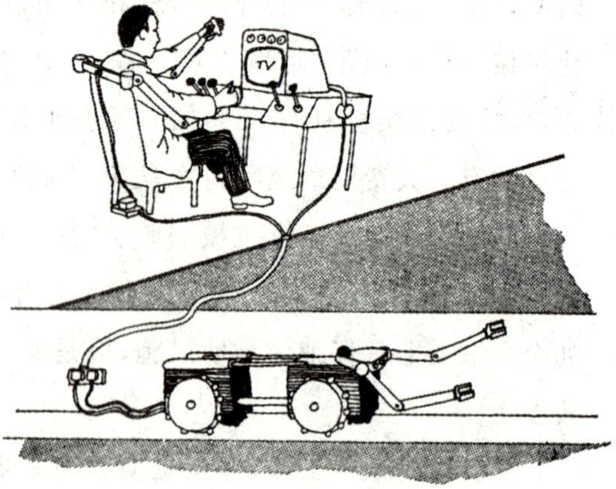

图 4.14 遥控采矿示意图

遥控机器人就和其他机器一样，以电力驱动，因此除通讯电缆外，还必须携带电力电缆。不过，或许也可以利用电池系统，这样就能移动相当长的距离，在不同的充电点为自己充电。它或许还可以安装带有调整雷射光束的通讯系统，免去麻烦的机械连接。另一种移动的可能，是地表的操作员将遥控机器人锁定为机器人模式，让它自己拔去电源，自行前往下个充电点，在那里重新建立联系。

这个简单的图片说明，只是为了证明其实并没有根本的、尚未解决的物理和工程问题。触觉反馈、操作员抓握动作对应机械臂与机械手七个动作的比例控制、以立体电视或雷射全像术传输立体图片方面，都已经有许多人研究(参见图版三)。

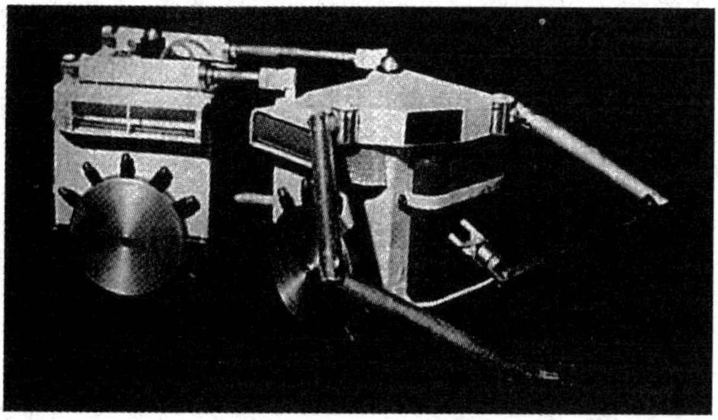

图版三 遥控采矿装置模型

这样一来，矿坑根本无需通风，即使在富含燃料的空气中工作也无爆炸危险，而富含燃料的气体也被地表含惰性燃气的气栓封住。只要单一斜坑(drift)就能操作整片煤田，就算离海岸 50 英里也一样。该斜坑必须有：

(i)运煤(向上)和回填材料(向下)的输送系统；还有(ii)用于运输机器的铁路轨道或道路。

遥控机器人将由地面人员分三班控制，每三个月回到地面大修一次。所有挖煤、开路、后备、传送机器的架设、操作、查找故障、修复工作，都将由遥控机器人现场解决，矿井的整个挖掘、建设过程也是如此。采煤的经济性将大幅提升，因为遥控机器人的成本，只不过是用于建造通风的双竖井、道路系统和运输矿工的多个竖井的成本的一小部分，因为所有这些都可以由单一斜坑取代。另外也必须指出的是，遥控采矿适用于所有的固体矿产，而地下气化与地下燃烧则只适用于煤。

4.5 利用核聚变与核裂变生产能源

核裂变能源的开发

在第二次世界大战爆发前，才首度有人描述、发表了以中子轰击铀核引发裂变；由于裂变过程产生不止两个中子，很快就有人想到能释放能量的连锁反应的可能性。因为第二次世界大战的关系，交战双方都投下巨资发展核裂变炸弹，结果美国及其盟友取得成功。第二次世界大战末期，欧洲国家有成熟的燃料经济性动机，而扩大能源资源的需求又很迫切。众多才华横溢的物理学家、工程师从事裂变弹的开发；而在20、30年内铀裂变就可以提供无限廉价电力的想法，也被推销给大众和政府决策者。但是，裂变弹材料的制造却是隐藏的争议。就英国而言，这就表示在过去30年来，庞大机构每年耗费上千万英镑，期望能实现这个梦想。而几乎其他所有应用科学研究都相当缺乏资金，甚至得利用既得利益成立相关部门，以维持研究工作的进行。虽然在宣传方面投入大笔资金，但还是很难让外界那些认为这种发展不平衡的人明了事实，不仅是因为需要保密，而且因为对他们来说，这不过是个利用休闲时间、又无资金赞助的活动。虽然本书的目的是帮工程师不偏不倚地处理工程中的道德问题，但还是必须明确表达对核能问题的反对，因为长久以来，为了核能的利益，已经投入了大量的时间和金钱[30]。

英国于1957年开始启动名为“镁诺克斯”(Magnox，即铝镁铍合金)的低温气冷反应器计划，设立了总量为38亿瓦的9座核电厂，在1974年节省了1,200万吨煤。然而，在1965年展开了准备兴建5座“先进型气冷式反应器”(Advanced Gas Reactors，AGRs)的计划，但到了1975年，没有一座在运转。回顾过去这30年，从现在的工程水准和人类当前的受益情况来看，难免会感觉到庞大的研发投资几乎全都浪费了，这个计划现在还能继续运作，靠的主要是自己的气势。现在，支持继续扩大核能的观点主要有两种：其一，有人认为已开发国家的用电量会持续呈指数增长；其二，有国家认为核电厂将提供该国自己制造炸弹的机会。在英国，每年投票赞成核能研发的，相当于政府赞助其他所有民间研发的总票数，而且还不受国会监督，因为有些钸要用于军事用途。

第一个先进型气冷式反应器，名为“邓杰内斯B”(Dungeness B)，于1965年订购，但带来不少麻烦，所以最快也要到1980年才能完工。另外4个先进型气冷式反应器已经开工，其中两座已于1976年开始服役，比预定计划晚了4年，另两座的完成时间还要再晚3年。这5座发电厂都大大超出了原本的预算，并有重大操作问题。1976年开始服役的其中一座，在1977年发生重大故障，从此关门大吉。目前英国的发电能力超过650亿瓦，还在兴建另外的160亿瓦，而高峰用电需求其实还不到600亿瓦。过去6年来，高峰用电需求的增加不到30亿瓦。英国正提早关闭小型电厂，好让已建的大型电厂所合理化。有一种新思维，认为10亿瓦的大型电厂所宣称的规模经济并不存在，电厂的最佳发电容量是1亿2,000万到1亿5,000万瓦。如此小型的电厂，可以轻易地整合到总体能源系统(排放的蒸汽直接用于暖气)。此外，大型电厂对快速变化的需求反应也不够灵活。

有一项非常重要的事实，就是许多曾在核能工业工作多年的资深工程师和科学家，特别是在美国，不但离开了该领域，而且还撰文反对。美国原子能委员会前主席利连撒尔(David E. Lilienthal)，于1972年写道：“曾经是全人类、还有我眼中的明亮希望，但原子能工厂的轻率扩散，如今已成为笼罩美国的那片最丑陋的云。”

布洛达(E. Broda)[31]描述了自己与核能研究亲密接触35年后的感受:“起初,我对核能的和平应用还抱着无比热情。然而,我却逐渐产生批判的态度。虽然我还不认为自己彻底反对核能,但现在我对核能的怀疑是毋庸置疑的。”最后,他呼吁应制定应急的太阳能研究计划。

1976年2月12日的《新科学家》杂志(*New Scientist*),谈到三位已经离开奇异公司(General Electric)的资深工程师,引用他们的话:“根本就不可能一边持续兴建电厂,还能毫无事故地营运。”

威尔(G. L. Weil)[32]曾是费米博士(Dr. Fermi)的研究伙伴,参与了第一次核子连锁反应的成就,并于1952年辞去美国原子能委员会的职务。1974年3月,他写了《本不该如此》(*It ought not to have happened in the way that it did*)一文,摘录其中两段于此:

> 拿核工业的安全记录和其他工业营运比较,容易误导别人,不只因为核能工业相较之下年代尚轻,更重要的是,暴露在辐射下的即时效应或累积效应,不一定会直接导致具体死亡或可见创伤。一座发电力为10亿瓦的商用核电厂,其放射性是广岛原子弹的1,000倍。增殖堆的想法更危险,因为除放射性之外,还必须以大量的钸作为核燃料。在这一背景下,核裂变能绝非“最干净最安全”,反而是人类已知能源中“最肮脏最危险”的一种。
>
> 美国原子能委员会8年前做了一项研究,但结果在最近才公布。该研究假设当时一座“现代”的美国8亿瓦核电厂发生重大事故,明确设定有15%的裂变产物由围阻体逸散到空气中,将可能造成4万5,000人死亡,7万4,000人受伤,5万平方英里区域受污染和170亿美元的损失。对后代的遗传损伤则未曾加以估计。

戈夫曼博士(J. W. Gofman)和谭培林博士(A. R. Tamplin)[33],是加州利弗摩的劳伦斯辐射实验室的研究同事,对辐射对生物效应的了解无出其右。他们认为,如果辐射量达到了美国联邦辐射委员会(Federal Radiation Council)的允许值,那么美国每年将新增3万2,000例的癌症和白血病病例。他们也认为,美国原子能委员会在安全性研究上投入得不够，而那些已完工和兴建中的反应器，则远比我们想象中更具实验性。

在广岛原子弹爆炸 30 周年的宣言中，艾德索(J. T. Edsall)、肯达尔(H. W. Kendall)、克斯提亚考斯基(G. B. Kistiakowsky)、尤瑞(H. C. Urey)、华生(J. D. Watson)等几位美国顶尖的物理学家、化学家、生物学家写道：

> 在广岛原子弹爆炸后，力图和平使用核能并不为过。但在之后的几十年中，把资源用于核能发展并忽视对其他能源的投入，却是严重的错误判断。同样不幸的是，推动核能在商业上的使用，而使得安全性和国家安全问题没有得到充分的考量。在广岛 30 周年纪念日，美国必须注意这些事实，为核计划的快速增长降温，并采取其他适当措施，保证全国能源供应无虞。

美国哈立斯堡附近的核电厂，最近因为操作错误所导致的放射线外泄事件，就是核电厂事故后果的影响层面比其他任何工业事故更广的一个例证。

全世界读者为之颤栗、关于核武器的经典著作《光芒万丈》(*Brighter Than a Thousand Suns*)的作者宇恩格(Robert Jungk)，日前写了《核子国家》(*Nuclear State*)一书[34]。书中他总结道，核能所引起的社会难题是无法克服的。这是因为其危害程度(一次核能事故可能造成的死亡人数)以及事故对后代的危害。书中批评家骇人听闻的评述足足有一整章。

铀裂变

当一个低能中子撞击一个铀 235 原子核，会使原子核分裂成大小差不多的两半，并平均释放出 2.5 个以上的高能中子。为了得到稳定的连锁反应，必须在其中一颗中子进入另一个铀 235 原子核并停下来之前，先让它减速。做法是把铀放在直径很小、由减速材料所支撑的棒状物中，减速材料会让中子在抵达另一根铀棒之前减速。只要调整反应器中会吸收中子的材料棒，就能控制连锁反应、让反应速度稳定保持在所需程度。因为一个幸运的意外，一小部分的反应过慢，让机械控制有时间可以解决，不然反应会加速到导致系统爆炸，就像核弹一样。英国的反应器(镁诺克斯气冷反应堆和先进型气冷反应堆)由二氧化碳将热带到锅炉。这一类反应器的减速材料是石墨，铀 235 则浓缩到 0.672%。其他反应器则以普通水或重水作为减速材料和排热系统。反应器内的水必须呈液态，但为了要发电则可以容许沸腾，或者作为热交换材料产生普通的蒸汽。随着铀 235 燃料浓度的降低，必须以极为精准与昂贵的处理过程移除燃料元件。在这一阶段，可以用化学处理燃料元件，以分离出高能中子撞击铀 238 时所产生的钸；然后钸可以作为进一步发电所需的可裂变材料，当然也可用于制造核弹。由于后处理工厂通常离核电厂很远，所以高放射性的核废料需要以厚重的铅桶，经由海路、铁路、陆路运输，随后在后处理工厂进行进一步的复杂处理。

较容易提炼的铀 235 数量相当有限，而从天然铀中以纯物理方法浓缩铀 235 的技术又很昂贵，由于密度仅相差 1%，所以快速增殖反应堆就这么发展出来了。快速增殖反应堆的用铀量可达一般的 100 倍，还能使用钍，因为快速增殖反应堆能把它们转化成可裂变核。快速增殖反应堆的中央核心区由高浓缩的可裂材料(fissile material)构成，由液态金属降温，外面包裹一层可孕物质(fertile material，为铀或钍)，因此逃离中央核心区的快中子能将部分的可孕物质转换成可裂变核。这个系统可以调整，让核心区消耗的可裂材料量大于外层区域制造的量，反之亦可。外层区域必须经化学再处理，以分离可裂材料，也同样会遇到运输和处理高辐射性材料的问题。一个 10 亿瓦的发电厂营运一年，会产生三吨必须处理的高辐射性裂变产物。

铀资源

铀 235 是自然中唯一方便的裂变物质，在天然铀中其含量为 0.7%，而铀 238 是其中主要成分，并会吸收中子，产生更重的元素，如可裂变的钸。

如果能使一吨的铀完全裂变，将产生相当于 200 万吨煤当量的能量。

一吨高浓缩铀所产生能量的最大值相当于约 100 万吨煤当量，而一吨低浓缩铀产生的能量最多约 1 万吨煤当量。近来估计世界已知的天然铀储量为 165 万吨，以目前的成长率来看，足够 20 年的需求。1985 年后，如果我们继续扩大核裂变能源的规模，那么照惯例，寻找新来源的需求将越来越强。1977 年全球少数几个、已知储量过千吨的国家是：加拿大，法国，尼日尔(Niger)，南非与美国；苏联储量不明。如果一吨铀等于 1 万吨煤，那么铀的能源总产量为 1.7×10^{10} 吨煤当量，相当于世界上极易开采的固体燃料的六十分之一，可开采原油的十分之一(参见表 4.4)。然而，如果愿意在采铀上下大功夫，那么可以在挪威、瑞典等其他国家的花岗岩山地碎石取铀，这将耗费很多能源，同时对环境损害也很严重。

核能的问题

a)资本成本。一个可运转的核电厂，装机容量至少要有 5 亿瓦，最好是 10 亿瓦，并必须维持基本负载，也就是每年运转的时间越多越好。这两项考虑的问题意味着，要建立全国电力系统，即便只有一个核电厂，系统中也必须有多个大型发电厂，其中，为因应高峰用电需求，其中至少需要有三分之一是非核电厂。该电力系统必须整合全国电网，也将花费更大笔的资本成本。最近的一篇文章[35]，提出的建设成本如下(以 1977 年 1 月价格计)：

煤：290 英镑/千瓦，相当于一个 2 吉瓦的电厂花费 5.8 亿英镑

核能(蒸汽发生重水堆，SGHWR)：每千瓦 520 英镑，相当于一个 2 吉瓦的电厂花费 10.5 亿英镑

核能(先进型气冷反应堆，AGR)：每千瓦 470 英镑，相当于一个 2 吉瓦的电站花费 9.4 亿英镑

核能(AWR)：每千瓦 407 英镑，相当于一个 2 吉瓦的电站花费 8.14 亿英镑

这些仅为电厂建设成本。

当然，总成本由资本分期偿还比率和燃料成本决定，现在煤的成本高

很多，不过核能研发、燃料加工成本的计算并不确定是否准确。列斯里(D. Leslie)[35]早先评估了本地区核电与石油发电的资本成本，1973年前者为每千瓦150～250英镑，后者为每千瓦76英镑，但是计入燃料成本后，他得出了两者总成本正好相等的结论。燃料成本由三个相同要素组成，天然铀的成本、天然铀浓缩成0.667%的铀235的成本，以及制备和加工的成本。废物处理成本迄今还未充分计算在内。

核电厂的这些资金成本极高，并不断在增长，因为产生的更多问题必须由更昂贵的方案来解决。开放大学(Open University)的查普曼(Peter Chapman)和普莱斯(John Price)已经指出，要造一座核电厂、去开采、分离、处理铀，和提供其他必要材料，需消耗多少能源。如果考虑为一个未开发国家供应能源，就必须考量在该国建发电厂的必要性，建立完整的配电系统，并提供一切后备设施，如燃料和用过燃料的运输。查普曼同时证明，如果一国的反应器数量每4.3年成长一倍，那么每个电厂只有半数不到的能源产出可用于其他用途，其余能源必须用于安装新电厂。我们难以接受的结论是，核能充其量只是“富人的玩具”，也就是能使富国得以继续挥霍能源；它不可能为穷国提供足够的能源，同时也不可能说因为富国安装了核电厂，穷国就会比较容易取得石油。

核电厂的另一个根本问题是，没人愿意在它附近生活或工作，这使核电站很难结合后送蒸汽暖气系统，也因此核电厂那30%的总热效率也始终为人诟病。

所有这些关于核电厂的规模、资金成本，还有相应配电系统的论点同样适用于核聚变发电厂，其规模几乎确定必须达到20亿瓦，并以基本电厂负载运转。

(b)辐射线与人员安全问题。

暴露在核子辐射中可能导致癌症，可能导致新生儿脑部或身体残疾，并导致心脏病等严重疾病罹患率增加。我所认识的人中，没有人否认这些。

幸好，还有机会能防止严重的核能污染；此类事件尚未发生。然而，威胁在于我国对核能发电和核武器防御已经越来越依赖了。

核能发电的问题在于，大型核电厂每年产生的长期放射性物质，是广岛原子弹的1,000倍。

我们所谓的“长期放射性”，指的就是长期，毫不夸张。许多种类要过了100年、300年甚至24万年才会彻底衰变。

位于地表、毫无防护的核电厂，核心区充满了放射线，一旦遭受袭击，必然成为该国的沉重负担。因为核电厂会使该国根本无法防御[37]。

这些问题虽然广为人知，但却遭受独家掌握具体数字的核能机构强烈驳斥。这当然是十分危险的情况，因为核能机构大可说“我们计算过，风险极微”，但关注该问题的人士却没有资料来检验这些计算。他们公布核电厂和平时期的事故风险，但却忽略了放射原料的运输和处理、战争和破坏活动的问题。有大量证据显示，许多事故过了许久才有报导。

英国最为人熟知的问题，是放射性废料的处理。现在，提炼鈽和未消耗铀的再处理结束后，核裂变产物和超铀元素会经过硝酸溶解后提取，所以高放射性元素会被缩减为小量的酸溶液，作为液态存放在文治克耳(Windscale)处理厂。1吉瓦的核电厂一年产生14.5立方公尺的高放射性废料，英国已经积存了约700立方公尺。这种废液储存在需要维护的槽里，所以，现在我们留下了一种要子孙后代照看数百年并承担风险，但对他们却没有丝毫用处的材料。有研究试图将之转变成玻璃，然后封在盐矿或其他岩层里，但目前还没有找到任何让人满意的处理方法，放射性衰变会持续多年产生热，这所造成的影响也还没有办法解决。

另一个悬而未决的重要问题，是应该如何处理废弃的核电厂。核电厂的运转寿命约为25年，拆除成本很高，而拆掉了却又得不到任何好处。因此，我们正迫使子孙居住在有着不能碰的大坟墓的国家。

美国环保署(EPA)最近公布了放射性排放标准，比英国标准严格10万倍。摩根教授(Carol Morgan)在对文治克耳的调查中注意到，要是在美国，镁诺克斯厂根本不可能获准营运，因为无法到达排放标准。英国的标准,是按照英国原子能总署(UKAEA)职员所进行的研究制定的。他们承认,像是吸入阿尔法粒子发射体之类,的确可能对人体有危险,但是他们试图在这一点和更大的用电需求间寻求平衡。正如美国核能专家和核能支持者温伯格(Alvin Weinberg)承认的一样,这是真正的浮士德式交易。

> 我们这些核能人士对社会做了浮士德式交易。一方面,我们提供了源源不断的能源供应。但为了这种神奇的能源,我们要求社会付出的代价是既要警惕、又要长期面对我们并不熟悉的机构……我们若是能假设总会有聪明人来解决没想到的意外事件,那么我们面对的问题相对来说就不大了。

若是考虑到目前我们其实卖不掉全部的电力,而大多数电又都用在不合适的地方,像是加热水或制造用过即丢的塑胶容器,那么很显然的,不管对人类健康的威胁有多小,都应该比电力需求更受重视。达沃尔(John Davoll)在《反对核裂变能案例》一文[38]中指出,如果英国的核能计划得以完整实施,那么在25年的时间里,我们的核电厂每年产生的辐射将是100颗广岛原子弹的落尘量,而这只是英国这一个国家而已。他说道:

> 如果现在的计划全部付诸实施,让我们看看30年后的具体情况如何。那时世界上将有数以千计的反应堆,其中大多数是用钸做燃料的快速增殖反应堆。足够造数百个核弹的钸,将始终处于运输途中。反应堆和燃料处理厂里的放射性物质如此之多,只要一丁点的扩散,就会使得大面积区域数百年无法居住,而如果核装置在战争中遭蓄意破坏或被毁、员工被杀或被赶跑,就大有可能发生这样的扩散。此外,社会体系只要多存在一天,危险的放射性物质就越多,因为未开发国家将步富国的后尘。一旦核裂变成为能源供应的主要途径,将不容有任何战争或大规模骚乱。

霍特尔和霍华[39]曾于1971年指出,"再处理阶段所释放的辐射,是核电厂处理阶段中的100倍,且两个过程会不断释放出长寿的放射性核素氪85(^{85}Kr)和氚(^{3}H)。"

所有的经验都显示，发生的事故都不是意料之中，而是意料之外的，常因人为错误、疏忽或是恶意而起。比如说，事实证明，反应堆核心区熔毁的危险在和平时期能降低到可忽略的程度。但如果一个拥有核能的国家和另一国爆发战争，那么情况就不同了。经计算，如果现在法国境内所有核电厂都被传统烈性炸药武器引爆，那么几乎整个法国都会为放射性落尘所覆盖。即使在和平时期，也会有蓄意破坏、劫机和恐怖主义行为，让钚的运输问题变得至为重要，所以在支援核能的行动时，有必要动用军队或武警援助。皇家环境污染委员会（主席为福劳沃斯爵士，Sir Brian Flowers）1976 年有一份报告；其中有三项结论：

> 因为钚的高放射性和可裂变特性，可能被用于威胁、勒索社会。
>
> 在确定有办法无限期安放长寿的高放射性废料之前，不应该启动大型核裂变专案。
>
> 在世界局势越发动荡的背景下，制造出大量的钚，是真的非常危险。除非别无选择，否则我们不该为了能源供应，去使用会产生钚这种危险物质的做法。

布洛达曾指出[40]，即使未遭到直接轰炸，核电厂和燃料处理厂在战时也不可能得到可靠的控制，所以致命放射线外泄、影响大面积区域的情形，势必会发生。例如，冷却系统和紧急冷却系统一旦停止运作，“数十亿居里的放射线，相当于数千吨剧烈反应中的镭，将腐蚀受影响的核电厂并外泄”。一个 1 吉瓦的核电厂，日产放射性裂变材料的量，是 1 公斤铀弹或钚弹爆炸的 3 倍。

核聚变

就理论而言，将两个重氢原子（氘）合成一个氦原子，并伴随相当一部分质量转化为能量，是可行的，所以在理论上，核聚变能提供人类几乎取之不尽的能量。重水（氧化氘）出现在所有天然水中，浓度大约为百万分之 200。一加仑水中的氘完全聚合，产生的热超过 300 加仑石油化学燃烧产生的热。核聚变的一个基本问题，是分子必须加热到相当于绝对温标(kelvin)数亿度的温度，基于热辐射的第四力学定律，当然很难有容器能容纳温度这么高的气体。然而，有一种反应速度是氘氘反应的100倍，也就是氘和氚进行反应(氘氚反应)。氚是更重的氢同位素，自然界中不存在，必须用中子撞击天然锂中含量为4.7%的锂-6获得。一吨锂-6的能值，与一吨铀相差无几。天然锂的储量至少是铀的四倍，但其中仅有十三分之一是锂-6。

大众对核聚变反应堆这么感兴趣，与其说是因为能提供大量能源，不如说是因为它的总辐射量较裂变反应堆少得太多太多了，不会有爆炸和冷却剂流失的危险，也没有爆炸物遭人偷窃的危险。遗憾的是，能自我维持的核聚变反应在实验室尚未试验成功。我们可以将它同核裂变反应的发展作比较，核裂变反应于1942年9月第一次试验成功，但过了几乎40年，商用核裂变反应堆还是有一大堆初步问题。

在尝试取得核聚变条件的过程中，科学家正着手研究两种方法：(i)磁性围阻体，利用巨大环形磁铁在巨大真空中心形成巧妙的电浆环。(ii)用球面雷射脉冲照射可聚变材料球。这两种方法都经过了十多年的研究开发，但至今还根本无法确定是否能提供稳定的电力输出，并送往电力配送系统。唯一确定的，是这势必需要巨大的反应炉和同等巨大的配电系统，所以因为资金成本的关系，发电的实际成本还是一样很高。

结论

我们因此被迫得出这样的结论：二次大战后，大众相信可以从核能获取廉价电力，结果证明这只是幻想，因为燃料虽然更便宜，但发电厂和配套设施成本比火力发电厂的相应成本高很多。所以我们一定会得出这样的结论，电力是言过其实的优质燃料，因为不仅是发电的资金成本高昂，而且无论是用化学燃料还是核裂变，当电送达用户时，总热效率还不到30%。

ICI当年的首席燃料官，哈柏博士(Dr. Haber)所撰写的一篇名为《英国燃料与电力》(UK fuel and power)的论文[41]，提供了观念改变的一个好例子。1955 年,我们的总能源消耗约为 2 亿 3,000 万吨煤当量,几乎全来自煤。他预计,到了 1980 年数字将达 3 亿 6,000 万吨煤当量,其中 2 亿 4,000 万吨是煤、3,500 万吨煤当量是进口石油、200 万吨煤当量是水力发电,9,000 万吨煤当量则是原子能。事实上,情况和表 4.6 相符。

4.6 可再生能源

水力

来自丘陵与山区的水力带动水车，是可以为人类利用的能源形式之一。涡轮机的发明，大大提高了发电效率。三十多年来，水系统也用于储存能源，所以在电力需求低的时候，一套涡轮机能以电力带动另一套涡轮机，将水抽回高位水库，以备高峰用电需求。据估计，全球山区的总水力资源蕴藏量约为 3×10^6 百万瓦，几乎等于现在全球工业的电力供应。目前，全球水力发电生产力为 2,500 亿瓦，其中 450 亿瓦在美国，而美国的水力资源蕴藏使用率超过 75％。水力的基本问题，就是需要非常非常大量的水。以 10 亿瓦的发电厂为例，如果是热效率一般的火力发电厂，每小时需烧煤 360 吨；但如果是水力发电，以转化率 80％计，每小时则需 4.6×10^5 吨/公里的水。在水力发电装置的资金成本方面，河流的位置有很大的影响（如果山高谷窄，一个小型水坝就能形成所需的水位差，这样是最理想的），但在所有例子里，资金成本都比火力发电厂高很多。此外，还有破坏正常河流泥沙流动的问题，泥沙会淤积在水库里，所以 50 到 100 年水库就会满了。同时，在某些例子里，拥有自然美景或对人类有用的峡谷也会被淹没。甚至还有蓄水的庞大重量可能会引发地震的问题。

	1973	1976	1978
煤	131	120	120
天然气	43	58	68
石油	162	132	132
核能与水力发电	12	15	19
总能源使用量	348	325	339
非能源石油	20	17	20
本国产量			
煤和天然气	185	193	197
北海石油		20	108

摘自能源委员会文件第 3 号，能源部。

1973 年是能源消耗高峰年。

表 4.6 英国能源使用状况(百万吨煤当量)

潮汐能则是另一种形式的可用水力资源。法国人已经在朗斯河口(Rance Estuary)设立了一座设计优良的水坝，有三分之一的时间可以提供 2 亿 4,000 万瓦电力，无论涨潮或退潮都在运转。据估计，全球内港潮汐能的潜能为 640 亿兆瓦，约为世界水力资源总量的 2%。1933 年第一次考虑在塞汶河口设挡潮闸，但在燃料价格低廉的时期，高昂的资金成本使之不符经济效益。如果当时建成，那么每年就可节省 10^6 吨煤，并可能在二次大战开始之前几年，就带领英国走出大萧条。现在这个计划又重新受到重视，因为潮水会集中在很窄的河口，所以十分合适，只要辅以合适的挡潮闸，每年将能获得 200 万至 500 万吨煤当量的电力。同时也能抽水蓄能，在需要的时候提供电力。建造将耗费 20 年时间，同时很难估计挡潮闸对水位差会有什么影响。

第三种正在研究的水力资源，则是波浪。波浪所代表的，其实是收集起吹过广袤大洋的部分风力。据估计，苏格兰北部离岸 10 英里处的波浪能，高达每公尺 7 万瓦。长 400 公里的波浪采集装置，只要有适当的效率，以当前的发电用量计算，每年就能节省 2,500 万吨煤当量。因为波浪一靠近海岸，能量就会流失，所以这些转换设备必须放置在离岸数公里的地方，而像是巨大的连接水泥浮筏等各种设备，则还在研究中。有些设备可以调整水流，使之朝同一个方向不断驱动涡轮机，有一些设备则是使用空气涡轮机。有人估计(1977 年 1 月)资金成本达每千瓦 800 英镑，但显然还有巨大的问题需要克服，像是该怎么把电力或电解氢输送上岸、在各种波浪条件下的系统固定问题，以及寿命和保养等一般问题。

风力

数百年来风车一直被用于抽水和碾磨谷物。英国和荷兰的大型四叶风车都已经相当发达，可提供的力量高达 10 马力。19 世纪上半叶，有人提议用 150 个风车把荷兰的哈伦麦美尔地区(Haarlemmermeer)抽干。不过，后来风车被一台直径 12 英尺、驱动八个传动杆泵的常压蒸汽机所取代。

风能的主要问题是非常多变，且电力输出取决于风速 U 的立方。方程式如下：

$$P = C_p^{1/2} \rho U^3 A$$

其中 ρ 是空气密度(每立方公尺 1.25 公斤)，C_p 是扫掠面积 A 的风能转换系数，介于 0.15 到 0.45 之间。因此，风力发电的平均值取决于风速立方的平均值，故选择的地点其风速务必超过平均值，如山顶。英国和世界详细的高风速地区等值线图，已经完成。假设风车的速率是每秒 11.25 米，在英国大部分地区，每千瓦的设定发电量全年都可以超过 2,250 千瓦时，且沿海地区比内陆优异，西海岸尤其如此。风力的一个优点，是每年的平均风速相对稳定，约在 10%上下。在英国，风力的另一个优点，是在供热和电力需求最大的冬天，风力也能达到最大值，而夏天则是太阳能达到最大值的时候。风速随距离地平面的高度 h 而有所变化。方程式如下：

$$U \propto h^{\alpha}$$

其中 α 介于 0.1 到 0.3 之间。风车务必要建在较高的地方。如果使用水平轴风轮机，那么在每扇叶片到达最低点时都会有周期变化。

风车有两种基本类型，水平轴和垂直轴。水平轴风车必须有某种机械装置，像是水平尾翼，将风车调整到迎风风向。确实，200 年前的风车已经有了全自动控制的雏形，带有尾旋翼，与主旋翼成直角，每当主旋翼不是正对着风时，尾旋翼就会转动，驱动地面的机轮调整整架风车。老式风车叶尖速度相对较低，与风速相差无几。图 4.15 为不同类别风力涡轮机的功率系数，根据的是叶尖速度和风速的比率。高速两叶机型，以及二或三叶的达利欧式垂直轴型(Darrieus vertical axis type)的功率系数在峰值时，叶尖速度约可达风速的 5 倍，而达利欧式有一个缺点，即无法自

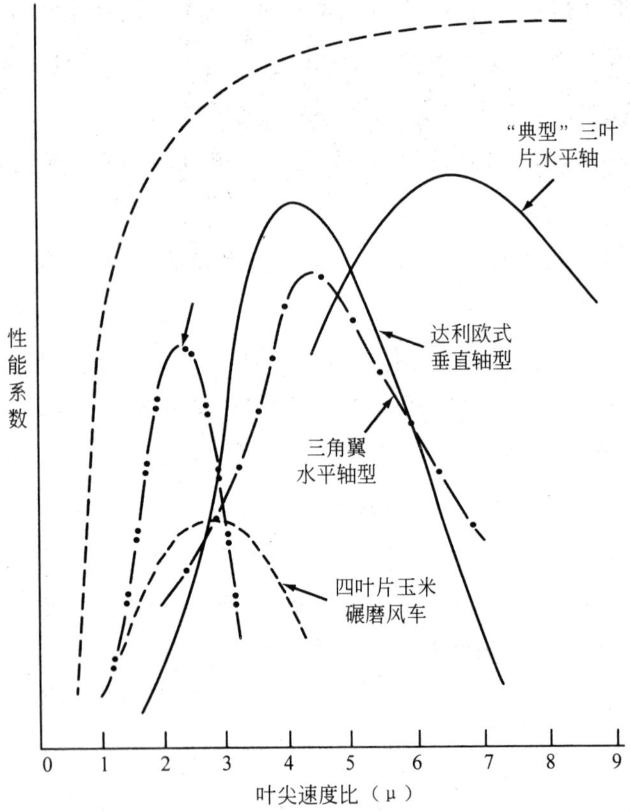

图 4.15　各种风力涡轮机的性能系数

行启动，不过其他多种已经开发出来的垂直轴机型，都能自行启动。就这个问题，已经有大量研究在进行。卡加利大学(University of Calgary)[42]

开发出来的三角翼水平轴型,是很有意思的崭新发展,其建造成本可以很低。

史上最大的风车,是由普特南(Palmer Putnam)设计,坐落在佛蒙特州一座高 200 英尺、名为“爷爷的小丘”(Grandpa's Knob)的小山上[43]。其螺旋桨直径 53 公尺,塔高 63 公尺,螺旋桨面积 220 平方公尺,功率密度每平方公尺 560 瓦。叶尖速度为每秒 80 公尺,发动机 1,225 千瓦。风速达到每秒 15.3 公尺时,机器可以全速运转,叶片角度会自动调整,螺旋桨则装在塔的背风面,以保证机器始终迎风。该机器在技术上被认定为很成功,但在认为它受力过度,而决定中止测试后,其中一片桨叶已经脱落了。然而该机器确实运行了将近 4 年,为设计改良机型提供了充分的资料和经验。这具机器运转的年代是在 1940 年代。

直到 1960 年代,欧洲已经进行了大量的研究,但却因为当时大众认为核能将提供价格颇具竞争力的低廉电力,而停止了这些研究。

如何涵盖巨大的集风面积、又该如何聚集作为发电机能源供应的风,让许多心灵手巧的发明家煞费苦心。最简单的系统是使用扩散器把捕捉到的风的全部动能转化成顺着桨叶方向的压力。最简单的形式是文丘里形状(venturi-shaped)的收集器,装配直径最小的风力涡轮机。它能收集迎风面积所有的风。结果制造出的加强系数高达 4;也就是说,同样的涡轮机,使用扩散器时的电力输出是不用时的 4 倍。这种扩散器必须又大又长,而且始终迎着风。有一种设计是把扩散器的尾部做成百叶窗式,长度也可以缩短。

还有另一种很复杂的提案,就是龙卷风风力系统[44]。系统中,有一个垂直的高圆筒,与进气道相切,所以无论风向如何,总能在里面产生低压旋涡。沿垂直轴产生的压力差,从底部的小风力涡轮机吸入空气;速度加强系数预计可以达到 8。有人提议,在底部增加太阳能集热器,甚至增加燃烧煤、油页岩、废料的装置,提高垂直管道内的浮力,以增加吸力。也有考虑使用发电厂冷却水的可能性。

另一个很巧妙的系统,是马德拉斯系统(Madaras system)。系统中,几辆相隔的小车在圆形轨道上运行,每辆小车都载有一个由电动马达驱动旋转的垂直高筒;风对旋转圆筒的作用就像对帆一样,会产生一股力,与风、小车的相对速度以及圆筒沿轴动量的向量垂直。小车在大轨道上运动一周,需两次改变圆筒的旋转方向,这样,小车就始终朝一个方向运行,系统产生的能量通过车轮驱动发电机。旋转圆筒的空气升力系数值,可达一般机翼的10倍。据估计,只要有20个圆筒,每个高30米、直径7.5公尺,时速32公里的风,就能发电1千万瓦。

自1978年1月起,第一座由联邦政府出资的风力发电机,已开始为美国新墨西哥州一个社区提供电力。这是一个200千瓦的传统双叶高速涡轮机。一旦风速超过时速30公里,叶轮(rotor)就会自我启动,风速超过64公里则自动停止运转。通过自动叶片定距机制,转速保持在每分钟40转。叶轮经由传动装置与每分钟1,800转的发动机相连。

不断有人提出新的大规模发电建议。已经有人指出,如果沿着英国南部和北部、时速12.5英里的风等速线,每隔50公尺放一个10千瓦的发电机,那么英国将拥有2万座风车,每座每年省电3万千瓦时,相当于3.5吨石油当量,节省每年发电870百万瓦时所需的20万吨石油。英国有2千万乡村居民,如果每5人有1台机器,那么英国将有2百万台10千瓦的发电机,可省下100倍的用油。因为风力不稳定,所以使用风能的基本问题是储存。蓄电池只能应用在私人家庭照明的小型系统中,所以不适合。就现今电力用于温室暖气以及室内、烧热水等等用途而言,风车倒是提供了一种很有吸引力的省电途径,特别是和蓄热式电暖器一起使用时。以风车驱动热泵,利用太阳能提供低温的热输入,在未来也将是十分有意思的课题。

储存风能最简单的方法,是让风车与拥有可控制火力发电厂的国家电网一起运作,所以在风力发电时就能减少火力发电厂的电力输出。

最近有人发表一项数据,提议在英国北海南部的浅水地区(可能是沃什附近)设置150万瓦的机组阵列,生产成本为每千瓦280英镑,这对英国的总能源需求将有绝大的贡献。北海的风终年平均风速为每秒7.3公尺,也有可能找到水深不超过20公尺、面积800平方公里的水域;这样的发电量可以达到8吉瓦,也就是英国平均电力需求的32%。总资金成本为每千瓦 505 英镑，包括在北海下枯竭的天然气岩层建造一个压缩储存系统。相较之下，1976 年 7 月纽约州订购的 2.4 吉瓦核电厂，其资金成本为每千瓦 830 英镑。

因此，风有以下两种利用方式：建造大量不超过 100 千瓦的小型风车，可以由一群住户共有，或建造超过 1 百万瓦、与国家电力网系统相连的大型风车阵列。然而，对那些尚未建有大型发电厂、却因为靠近海或拥有高山而受强风吹袭的国家，大量建造小型风车，显然会是未来更有意思的一种可能。

地热能[45]

间歇泉形式、可以直接取用的地热能，在冰岛、意大利和纽西兰等国家已经为人类所利用了数十年。世界上有许多邻近主要断层的地方，浅层处就能有摄氏 200 度的热点。然而，英国却没有这样的主要断层区域。来自地心的热流速度过慢，在地底下无法维持固定的热源，不过现在有一些热点，还是可能可以利用个 20 年左右。有些地区是深度 2,000 到 3,000 公尺的透水岩，可从一个凿孔灌水，经过热源，再由另一个凿孔抽出摄氏 80 度左右的水；巴黎有些公寓，就是以这种方式供应暖气的。英国很可能有合适的透水岩可以提供热，到 2000 年，每年可以提供的热能相当于几百万吨煤，但只能维持约 20 年时间。

然而，尽管有温度足够、深度也相仿（约 200 到 300 公尺）的花岗岩矿床，不过我们还未发展出从干燥岩石取得热能的可行方法。这会需要用某种方法打碎孔穴底部的岩石。美国曾研究过利用核爆，但因为辐射会由水带到地面，这种危险足以让人打退堂鼓，而且同样也有可能会破坏大地的稳定。

太阳能

太阳能，毫无疑问，是迄今为止对人类来说最充足的可更新资源，而的确也是农业能量的主要来源，而这数百万年来的太阳能，造就了地球储存的所有化石燃料。在比较理想的地点（总平均值每平方公尺300瓦）、边长100公里的方形面积（1百万公顷）所受阳光，相当于每年34亿吨煤当量，即等于目前全球能源消耗量的一半。化石能源的化学能总量（以10^{13}吨煤当量计），相当于不到四个星期的时间中到达地球的太阳能总量（每小时1.5×10^{10}吨煤当量）。只需英国7.8%的土地，使用效率为10%的太阳能设备，就能满足1973年全英能源需求，而要满足英国的电力需求，只需0.96%的土地。

在大气层外面，太阳辐射达到每平方公尺1.35千瓦，而化石燃料或核能热交换器（如锅炉）可能有每平方公尺50千瓦的热转化率。在赤道附近、与阳光垂直的海平面，可以获得的太阳辐射最大，约为每平方公尺1千瓦，但这是由于大气层吸收的关系。即使收集各个方向的辐射，薄云吸收的辐射量也不多，不过要使用聚焦收集器已经不可能了。英国的水平表面在一整年、一天24小时的平均太阳能输入量为每平方公尺100瓦，大约是红海地区的三分之一，红海的数据是每年落在一公顷地区的能量约有3,400吨煤当量。英国的水平面输入量不等，12月最低，为每天每平方公尺0.41千瓦时（每平方公尺17瓦）；6月最高，为每天每平方公尺4.5千瓦时（每平方公尺188瓦）。太阳能利用的问题、不如说是储存的问题，因为英国每一年的总太阳能差异非常大。可能连续多天不放晴，而在最需要能源的冬天，太阳能又比较少。

种植农作物和树木，是储存阳光的绝佳方式。在良好土地上，食物合成的理论效率可高达33%。然而，温带农作物的实际合成效率为0.5%到1%，在热带则为0.5%到2%。合成效率因不同农作物而异，玉米和甘蔗等C_4作物的效率，远远高于传统谷物、小麦和大麦等等C_3作物。利用效率同样取决于全年绿叶覆盖时间，如果是为了作燃料而种树，那么树木根系生长的时期，就等同于效率低的时期。全球的光合作用，仅收集并储存不到0.1%的阳光。然而，即使效率很低，每年由光合作用固定的碳仍是人类所用能源的10倍以上。

由于生物体内的光合作用非常成功，可以直接将太阳能转变为化学能(甚至电能),所以也开始有人研究试管光合作用[46]。然而,目前的进度仍处在反应的基础研究阶段,而每单位能量转换的资金成本,很可能比农业过程高出许多,因此,除非转化率有大幅提升,否则不太可能对我们的能源问题有多大帮助。就和农业过程一样,这个方式也可以年年储存累积的阳光。

已经有许多研究,希望能利用光电电池将阳光的短波能量直接转化为电力。早先的电池是矽光电池,转化率约为 10% 到 12%。砷化镓(GaAs)电池转化率可达 23%。然而,此类电池现在的成本高达每瓦 14 美元,所以实在太昂贵,只能拿来在偏远地区发个几瓦的电。目前有许多研究试图降低成本,希望最后能降低到有竞争力的价格。低能量输入和低转化率的组合,使得电池必须覆盖一大块区域。

曾有人提出一项极为昂贵的提议[47],就是利用同步卫星。同步卫星与地球一起转动,特定的高度让卫星可以保持在地球固定区域的上方,而且一天 24 小时中只有四分之三小时照不到阳光。卫星的"帆"上会载着面积 50 平方公里、始终朝向太阳的太阳能电池;产生的电能则转成无线电频率传送到地球上的接收器。传送天线直径需 1 公里,接收器直径 7 公里。发电约 100 亿瓦。这种计划只能说是富人的玩具,因为把卫星送上轨道,以及维护的费用高得荒唐。比较可行的做法,是将太阳能电池用于相对较小的装置,广泛分布在地面,仅在白天供电。

太阳能的另一种主要用途是直接加热,可以(i)利用黑色平板式集热器,通常覆盖有一层玻璃以降低热能流失;或(ii)利用通常沿轴装设有管状集热器的碟状槽式聚焦装置。平板式收集器转化率低,因为用来接收阳光的表面,也会因为辐射和对流而散失热量。玻璃表面有一定的选择性,因为玻璃表面传输短波太阳辐射几乎完美,却会吸收长波红外线,相当于温水的低温辐射。有许多研究是针对更精密的吸收表面,让其在阳光波长(高峰就是可见光)下呈"黑色",而在红外线辐射下呈"白色"。成效数据好到有 80% 的太阳辐射吸收率与 20% 的放射率。另一种使用过的设备是蜂巢格栅,由长度与直径相关的细管组成。当黑色表面对着太阳时,阳光直接照射在罩着格栅的黑色表面,但辐射会被限制在很小的角度，而不是作用在整个半球。然而，这个系统却没有传统黑色平板式收集器的优势，因为后者不需时时保持正对太阳。

目前已经有全年中不同时间、收集器表面以不同角度接收太阳能的详细数据可参考；比如，在英国皇家邱植物园（Kew Garden），6 月份水平面接收的辐射和 45 度朝南的面不相上下，约每天每平方公尺 1,700 万焦耳；而 6 月份朝北的垂直面仅为每天每平方公尺 1,000 万焦耳。然而，在 12 月和 1 月，垂直面和 45 度面仅为每天每平方公尺 350 万焦耳，而水平面仅为 200 万焦耳。在多云天气，水平面接受的辐射超过垂直面，因为此时辐射来自各个方向。

再来谈谈聚焦系统，这种系统可分为两类：追踪型和非追踪型。追踪型系统有个锥形抛物面，或柱形抛物面反射器，轴与太阳运动面垂直，即在春秋分时与地轴平行，在夏至时偏向水平方向偏 15 度，相应的在冬至更偏向垂直方向。因此，大体上每周都需要调整轴。追踪式集热器不仅有集中系数，而且自日出不久之后至日落之前不久，都能利用太阳，而像是平板集热器这种非追踪式集热器，有效日照时间只有上午和下午各约三小时。已经有人设计、测试过各种不同形状的非追踪集热器；从本质上来说，这些机型或是柱形碟面、或甚至是轴呈东西水平向的半圆柱形。其中心面即太阳旋转所在的面，所以每周要改变一次；吸热器沿轴或焦线放置，朝反射器那一面最好是黑色，另一面镀银。泰伯（Tabor）曾做过一个非常有趣的试验，他做了透明圆筒状的塑胶充气香肠，轴底部有锅炉管；大香肠内侧一半涂银色。有了这些，就有可能取得足够的集中系数，产生高达摄氏 200 度的蒸汽。为了要在负担不起石油的热带国家发电，可能会非常需要小型的这种装置，像是 1 千瓦、10 千瓦以及 50 千瓦。运用了最新的生产技术和材料后，近 50 年来发展相对迟缓的往复式蒸汽机的设计可以有较大提升。

利用太阳热来发电的大型“电塔”[48]也有人研究。高约 500 公尺的塔顶放置有锅炉或熔炉。地面上一片约为塔高平方区域的面积由许多面小镜子覆盖，每面镜子都会自动调节，将阳光反射到塔顶的锅炉。这需要相当精密的控制系统，而且当然也有常见的储存能源供夜间使用的问题。

不过,考虑到所获电力和安装的资金成本的关系,这项发展似乎还是很有价值。法国的计划是在太阳能熔炉内,将融化盐的混合物从摄氏 400 度加热到摄氏 500 度,并高温储存,以按照所需从热交换器提供蒸汽。

建筑物所使用的太阳能冷却问题,也已有人思考多时了。有人提议使用传统的双流体冷冻循环,利用聚焦型集热器和氨/水系统输入热能来驱动。另一项提议则已经付诸实行,是将一袋袋水置于建筑房顶上,水在白天吸收阳光,晚上则会辐射散热。白天在水袋上覆盖白色罩子,能反射大部分阳光;夜间覆盖黑色罩子,则能有良好散热功效。冬天可采取相反的措施为建筑加温。

4.7 提高能源使用效益

已经有许多人指出，只要已知的节能设备在安装上符合能源经济性，已开发国家的消费者在使用能源时，只需一半的能量输入，就能达到同样的目的。只要控制能源浪费，诸如过度包装、广告、内在陈旧性，和用过即丢的东西，就可以进一步减少能耗。

利用热力学第一定律节能

在任何加热过程中，输入的部分能量进入指定过程、部分损失在容器壁上、部分则被离开系统的气体带走。这类过程的热效率不等，可能如电力加热的高达 80%到 90%，也可能低至 20%以下，如家用的明火火炉和平炉炼钢用的燃油熔炉。只要有资金浥注和好的燃料技术，各种用途的热效率都可以提升到 50%以上。

只要有更好的隔热材料，把空气渗透控制得更好，几乎所有过程中容器壁造成的热损失，都能减半，而我们不这么做的唯一原因是资金成本过高。不管是水加热程序、锅炉、熔炉、室内暖气，全都一样。

在一百多年前，就已经了解燃烧加热制程中燃料经济性的基本原理，但想要加以应用，则需要昂贵的设备和仔细的控制。基本上包括：(i)以最少的过量空气达到完全燃烧，因为过量空气会降低燃烧温度，并减少在工作温度可传递的燃烧热量比例，(ii)尽可能提高气体和工作面的热转换系数，所以利用可得的加热表面积，气体就能尽量冷却。

家用的暖气系统尤其是使用开放式炉火的时候，流通的空气可能是舒适通风所需量的10倍。如果以电暖器取代开放式炉火，就不再需要这些多余的空气、也大大减少了舒适温度所需的热量。然而，若是考虑到在发电和配电两个环节中，有四分之三的燃料热能被浪费掉，这个数字就不怎么样了。

据估计，英国总能耗中约有25%是用于家庭和办公室的暖气与热水。其中能节约至少一半能源的地方相当显而易见，只要做更好的隔热、双层玻璃、更好的通风、直接加热而不是在发电厂消耗燃料和选取无须化石燃料的制作方法(太阳能加热和风力发电)即可。

应用热力学第二定律节能

若是想一想，在锅炉里燃料(如煤)产生蒸汽、然后用蒸汽驱动涡轮做旋转运动、再驱动发电机发电的这一整个循环，就可以从两方面来看主要的能量损失。根据热力学第一定律，锅炉的热效率可能有80%到90%。涡轮则不超过50%。然而，如果用热力学第二定律来表示能量，即在理想的可逆热力循环(将热以周遭温度排出)中可以转化为功的部分，那就可以得出完全不同的结论。大约35年前，我发表了一篇关于“内在功效”(virtue)观点的文章，而“内在功效”则定义为以这种方式可得的能量分量。同样的概念，在德国被重新发明，称为“可用能”(exergy)。一定量的热，也就是Q，其“内在功效”或“可用能”在绝对温度T时，等于$Q\times(1-T_A/T)$，其中T_A是环境温度，也就是可排放热量的最低温度。从这个角度来说，不难证明能量的最大内在功效损失发生在锅炉里，也就是燃烧的过程以及从燃烧气体变成蒸汽时的能量转换。蒸汽的内在功效原本就远低于未燃烧燃料，因为蒸汽的热，温度相对较低(主要在饱和蒸汽温度)。依照热力学第二定律，大部分的能量都已经在锅炉内劣化，即使是最完美的蒸汽机，效率也不可能比现有机器高多少。当然，所有努力想在更高温度、利用更多热能的动力循环工程师，都了解这一点，同时这一点也很高明地应用在奇异公司于斯克内塔第(Schenectady)建造的双循环发电系统中。这个系统以锅炉蒸发水银，而水银在贡献出能量后，则被浓缩以产生高压蒸汽。

透过内在功效或可用能的概念，可以用三种方法把热力学第二定律应用来大量降低初级化石燃料的消耗，却不影响最终产品。第一种、也是最显而易见的，是被称为“总能量”(美国人称之“汽电共生”，Co-generation)的方法。贝特西(Battersea)发电厂就是一例，发电厂排出的蒸汽为一大片街区的公寓提供所需的一切热能。在这个系统里，因为排出的温度较高，所以发电的热效率有所降低，但是对燃料的总体热利用率可以超过70%。虽然说规模越大，在经济上就越有可能把排出蒸汽输送得更远，不过利用热的地点还是不能离发电厂太远。燃料学会(The Institute of Fuel)于1971年举办了一次“总能量会议”，会议上得出了决定性的结论：一方面，如果使用化石燃料发电、再将大半电量用来提供家庭与办公室的暖气和热水；那么，在另一方面，如果使用总能量系统，就能省下60%的能源，但仍能达到同样的效果。电是完美的热力燃料(即其内在功效为1，对应的$T=\infty$)，若从热力学第二定律角度来看，为了发电而舍弃化石燃料中三分之二甚至四分之三的能量，再用产生的电来把温度提高约摄氏30度(相当于内在功效因素约为0.1的能量)，显然是大错特错。所以我们可以明白，有充分理由让我们在大约20年内都无须建造任何发电厂，但需逐步将现有电厂转化成燃煤的总能量系统，并同时安装流体化床燃烧系统(fluidized bed combustion system)和极大的改良型气体净化和二氧化硫排除系统。

第二种应用热力学第二定律的方法是热泵(heat pump)。如果你对不懂热力学第二定律的人解释，说只用1单位的电就有可能在热水或暖气方面产生三到四倍的热量，他大概会说你不科学。然而，在1850年，克尔文勋爵(Lord Kelvin)曾指出，电冰箱正是这么运作的，从此以后就有许多人投入热泵方面的研究。热泵的表现因素，被定义为系统在高温时释放的热量由机械功分配以驱动循环。热泵必然昂贵，这也是节能需要投入资金成本的好例子。不过，毫无疑问的，以后若有非得用电加热不可的情况时，应该通过热泵，而非直接用电。有了改良型热泵之后，产生的热量甚至有可能等同于发电厂发电所需的总热量投入。热泵的另一个问题是低温热源；已经试验了4套系统。最明显的是有河流提供热源的地方。可以将空气充入系统加以利用，但会有结霜的问题。最近，有人正在研究一种太阳能加热器的可行性，它储有大量温水作为低温热源。该系统依靠的显然是冬季的间断日光。最近的研究也有利用大地的，只要管线覆盖面积够广、埋的深度合理，整个冬天就都可以提供充足的热源。使用热泵有一点很重要：热输出的温度必须尽可能低，使用的温水也必须和空气相配，以达到相当的功率因素。

其他尚在研究的想法有：(i)回收热水澡和厨房洗碗槽排除水中的热量，当作热源。(ii)在吸入的冷气和排出的热气间安放换热器(heat exchanger)。由于安装资金成本的关系，这些提议到目前为止还不算经济。如果夏季需要空调，那么将冬季的热泵和夏季的冷却器结合在一起，就会更具吸引力，因为空调的资金成本可以和热泵的成本平衡。另一个经过测试、经济上显然也大有帮助的方案，是用热泵将溜冰场和游泳池结合起来，其中溜冰场是热源，游泳池则是储热槽。

据估计，英国的总能耗中，有2.5%是在干燥制程中用来蒸发水分。最大的用户是造纸和纸板业以及制砖业。制糖业多年来致力于以多效蒸发方式减少蒸发过程中初级能源的消耗，但对固体干燥而言，该做法并不适用，而每年经由直接加热所去除的这些固体中的水分，高达9百万吨。热泵原理在干燥制程中有两种应用途径：(i)低温干燥时，如造纸和纸板业，可以使用压缩空气循环的热泵。(ii)高温干燥时，可以利用蒸汽压缩循环。利用高压凝结水，将热量透过容器壁转移，在低压下蒸发掉水分，回收水的潜热。水以液态流出，输入系统的则是用于压缩的能量。

将热力学第二定律应用于燃料经济性的第三种方法，是依照不同目的使用不同温度的能源。在熔炉、气涡轮机、柴油引擎上安装余热锅炉的技术已经成熟，但是很少有应用，因为所需成本和所节省燃料的价值相较之下太大了。另一种主要的方式是使用复热器(recuperator,同流换热器)和蓄热器(regenerator),以低于制程工作时的温度,将其循环回制程中用于燃烧的空气。这样能提高燃烧温度,也因此可以产生更多高于熔炉工作温度的可用热。这在业内同样也已经使用多年,特别是在那些没有预热就无法得到所需温度的行业,像是平炉炼钢。连续蓄热器,或叫“回转式热交换器”(heat wheel),是近来备受瞩目的一种方式。和所有预热系统一样,燃烧气体和预热气体必须尽可能密闭隔离,因为燃烧气体中的二氧化碳和水会大大降低燃烧温度。最近有人提出可以用一组热管将废气管的热量输送到进气管。当然,仍有必要通过散热片提高热管外部传热,因为散热已成为系统的瓶颈。然而,这也不会让避免泄漏变得比较简单。

通过消除浪费来达到能源经济性

因为已开发国家的燃料向来廉价,所以我们工业革命的发展根本没考虑到有限的化石燃料供应枯竭的问题。过度塑胶包装、用过即丢的瓶瓶罐罐、耗电做广告、有内在陈旧性的商品、每年的流行时尚,还有像是汽车等消耗商品,都是对消费者来说没有任何益处的能源利用实例。食品行业在“升级”食物上的能耗远远超过种植食物。这种升级大多含有精制过程,除去食物中最有价值的部分,再卖回去给消费者,像是维生素丸和麦麸。一般都同意,未经处理的食物其实健康多了。利用回收技术,可以节省从低级矿砂中提炼金属所需的大量能量,以及所有用于固氮和开采磷酸盐的能源。

最后一个浪费的例子,是地处偏远、交通不便的油井直接烧掉天然气,和炼油厂、焦炉烧掉的燃料。英国人每年将 5 百万～6 百万吨的纸扔进垃圾桶。这是废弃物中主要的热值来源(塑胶的热值虽较低,但量也很大)。虽然这些纸可以用来制造硬质纤维板和鸡蛋盒、或在除去印刷油墨后重新制纸[50],但我们至今还未有系统地加以回收。废弃物焚烧或加热分解方面的研究工作不断进行,许多工厂已经运作多年,但同样的,到目前为止，节约能源所投入的资金，计算起来还是并不划算。

能源经济的结论

关于能源经济方面的研究有许多，据估计，如果将资本投入固有的燃料节省措施，那么可以节能20%到50%。如果还能削减无益于消费者的能源浪费，诸如这一节所讨论的，则毫无疑问，所有富国可以将能耗降低至当前数据的一半以下，而生活方式不会有任何改变。

4.8 世界能源策略

工程师对能源的责任

当政治家和经济学家提出能源供应和使用建议时，不得不考虑现有的机械设备[51]。只有工程师，能在已知科学定律和已知及估计地球资源的范围内，看出可能打造的新机器。此外，要开发出一台能够对能源状况有世界性影响的机器，至少需要30年。因此，为了我们的后代在下一个世纪能过像样的生活，工程师负担着展望未来、制定能源策略的独特重责大任。为完成这个任务，工程师有三组对手。第一组、也是最明显的一组，是政治家和公务员，他们的工作正是维持现状，为求连任而给予、许诺大众更多，而不是要求大众作出牺牲。他们因此不得不总是从短期考虑能源问题，维持现有的庞大计划，即使原先的许诺在老早之前就已经证明是彻底错误的。

第二组对手，是只会计算次年利润、想尽办法尽快偿还资本投资的经济学家和会计师。他们因此坚持压低燃料价格，并不从节约中受益。英国北海的天然气就是一个突出的例子，基本上该处天然气在25年内会用完。对我们子孙如此刻薄的唯一原因，是经济学家坚持油田的资本投入需尽早偿还。

第三组对手也是最难说服的一群，因为他们自己就是工程师和科学家。这些人，在能轻易证明具有长远灾难的政策中，拥有既得利益。他们的事业靠的是成功开发某种能源、如核能，或者靠稳定增加某种形式的能源销售，如电、天然气或石油。因为这些人更容易得到必要的科学事实和数据，所以批评那些就长远考量的工程师感情用事、不明真相，对他们来说绝非难事。因为本书的主题，是我们必须培养良知的情感能力，来寻求适合人类的事物，所以我不会因为被指控为多愁善感而觉得丢脸。然而，有必要尽可能逻辑地、科学地拓展思路、站在长远角度来回答这些争论。

比如说，设计核电厂、将放射性物质外泄的危险降到很低，甚至最终找到安全处理核废料的方法，相对来说很简单。然而，如果考虑到以下事实：

(1) 人类从未成功避免周期性的战争、暴力犯罪、使用最新的武器，也不可能不犯错误或判断错误，

(2) 我们还没办法处理废弃发电厂，

(3) 永远无法建造足够的发电厂来满足未开发国家的所有需求。

那么逻辑则指向完全不同的方向。同样，如果把热力学第二定律应用于发电，那么将电力用于暖气和热水就一点也不合理。

政治家和经济学家都很容易在工程方面上当。比如说，有许多论文都写到以氢气取代石油和天然气，用于运输等能源消耗用途[52]。但工程师知道，氢气其实不是那么方便和安全的燃料，而且无论是利用核电厂发电后电解水，或是用试管太阳系，都需要巨大的资金投入。在核能处于蜜月期时，还曾经有人打算利用电力，把石灰中的碳和水中的氢合成碳氢化合物！

长期决策还是短期决策

威尔逊教授(Carl Wilson)写道[53]：

当我们长久忽视、误判某一个问题，像我们面对能源问题一样

时，那么短期需求和中、长期需求可能并不相符，正如目前这种情况。我们不得不一边修理屋顶、一边建造新房。

英国过去30年来的短期决策，是因为战后推测英国将长期拥有充足廉价的石油，并且核电最终将很便宜，即使石油耗尽也无须节能。部分后果如下：

(1) 我们关闭了利润较差的煤矿，将煤产量减少到二战后的一半左右。

(2) 我们取消了燃料经济性方面的绝大多数研究，战后几年间，这些研究有很高的水准，也就是《燃料的有效利用》(*Efficient Use of Fuel*)第一版出版(1950)的时候。

(3) 我们关闭了许多铁路线，建造越来越多的高速公路，然而铁路却是唯一一种不管烧煤或烧石油都不影响性能的交通工具；可是在石油用完很久之后，高速公路还是会破坏良田。

(4) 我们建造了许多烧石油的发电厂，甚至考虑过建烧天然气的电厂。

(5) 我们建造了许多没烟囱的房子和公寓，结果不得不使用电力来供应暖气和热水。

世界能源问题有解决方案吗？

显然，仅靠工程师是无法解决世界能源问题的，因为这个问题需要牺牲、需要投入和长远的政治决策。然而，工程师能证明是否有可行的方案。我希望能给予肯定答案并建立起必要条件。

要说明的第一点，就是科技缩小了我们的世界，所以没有一个国家能单独思考自身的能源问题。首先，数以百万吨的石油、铁矿砂、煤、磷和食物随时都在世界各地由大型货船运来运去。日本的工业成长几乎完全是依靠进口原料和出口成品。其次，人们到达地球的另一端只需24小时，用卫星和地球另一端联系只需几毫秒。再次，也是最具威胁的一点，是战争武器的神速发展，带给了我们携带核弹头、一小时内即可到世界另一边的洲际导弹，而核弹头造成的辐射则能覆盖半个地球。费尔德教授如是说[54]：

> 仅美国和苏联——两个所谓的超级大国——拥有的核弹总数就超过 5 万枚，威力小的是广岛长崎核弹破坏力的几分之一、大的则超过这些可怕但原始的杀人器械的爆炸强度千倍以上。
>
> 如果今天两个超级大国爆发全面核战，那将会消灭两国的人民和财富——这一点无可辩驳，无论两个强国采取进攻性、防御性或是其他措施都一样。不管效果如何，这两个国家终将灰飞烟灭。但后果其实远不只如此。
>
> 致命的放射性物质，由盛行风携带吹过受害国国界，将造成北半球数以千万计的无辜者死亡。可是破坏力却并不只限于北半球国家。放射物由平流层气流扩散至全球后，最终通过降雨落到全世界所有人的头上，无论他在北极冻原还是南极大陆。诚然，辐射不会强到让所有人都没命，但却足以造成这一代许多人因辐射相关疾病而死亡，并造成后代遗传性畸形和致死突变等难以估量的后果。对如此巨大的基因负荷所能造成的后果所知不多，目前难以断定人类生存是否会因此受威胁。但无疑会让人极度痛苦和危险。
>
> 然而，更令人害怕的，至少对我而言如此，是当前和预期可制造核武器材料的积累速度——通过和平利用核裂变能计划以及军事计划——是如此之快，以至于本世纪末将会有足够的核武器材料，也可能有足够的核武器，那么一旦在全面核战中被拿出来使用，必然将人类从整个地球上抹去。

因此，一旦站在长远角度看问题，就不得不考虑到全人类，即 21 世纪初叶地球上的 80 亿人。我的孙辈不可能在英国享受衣食无忧的平静生活，除非这 80 亿人都能享受到这些。思林的经济原理说，“任何有利于我子孙的东西，现在总是无利可图，而且几乎总是不明智”。

如何让世界人口能平衡发展的问题在第三章中已有讨论，结论是唯一的人道方式，就是为世上所有人提供像样的生活水准和适当的教育，而且必须在 30 到 40 年内、在问题恶化为世界性的灾难和瘟疫之前完成这一切。

第三章也已经指出，为避免第三次世界大战、或是治安瘫痪，连带的还有抢劫与为了自卫而杀死邻居等情况，我们必须从根本上消除国与国、同一国的人与人之间，由种种“球衣”而区别的生活水准差异。

因此，如果我们想拥有一个和平的21世纪，那么唯一可用的机器和制程，就该是全人类都能得到的那些，其他都是“富人的玩具”。建造大型中央发电厂和相应的配电网路，所需的资本、能源投入和原物料是如此之巨大，所以全世界80亿人不可能都能得到。

最可行的方案，或许是让地球上布满1千瓦到500千瓦的小型发电单位，不过在大型市镇也可以建设高达2亿瓦的大型发电厂。如炼钢等确实有规模经济的行业，仍需要在合适的地方设置总厂，特别是在靠近优质铁矿或炼焦煤矿藏的地方。这些主要用于矿石炼钢，而废钢则将在各地的小规模工厂里熔化。烧燃料的逆流式熔炉再熔化废钢时，效率很高。

现在，我们要处理整个争论的关键点。目前富国每人每年消耗5到6吨煤当量，穷国约为0.5吨；富国甚至正计划进一步提高消耗量，少则每年2%、多则每年4%，凡是说应该保持零增长的会被认为在做梦。如果我们打算消除富国与穷国间的差异，把穷国的消耗水准提高到富国当前的水准，我们将有80亿人平均每人每年消耗6吨煤当量，那是当前能量消耗的6倍还不止；约为每年480亿吨煤当量。这一方案并不可行。我们无论如何都无法提供这么多的能源。核燃料所需电厂的建设资金成本过高。不使用化石燃料的理由是这些燃料有限，这么大规模的提炼成本过高，同时还有地球大气层中二氧化碳上升将导致“温室效应”、融化极地冰帽的实际危险。而同样是因为发电厂的资金成本问题，使得可再生能源无法照此规模供应。

因此，我们不得不得出这样的结论，想要在21世纪令人满意的文明，唯一的可行方法是富国把人均能耗降到世界平均数字。现在的数字约为每人每年2吨煤当量。因此，未来唯一的合理出路是负成长：富国人均能耗在30年内以每年3%到4%的速度递减。美国则必须以两倍于此的速度递减。

图 4.16 显示的是未来切实可行的世界能源政策，单位是每人每年的吨煤当量。已开发国家任何想要增加甚至保持当前数字的企图，必将导致未来 30 年内发生灾难。下文摘自赖尔教授（Sir Martin Ryle）为《英国的另一能源策略》小册所作序言[55]：

> 我们逐渐习惯去相信，我们的生活水准和充分就业都需要持续的能源消耗——为住所供应暖气、提供更大的客货运能力，特别是增加既费能源又耗其他矿物资源的工业制品产量，而某些矿物的储量是有限的。如果我们仍然秉持这种信念，那么到本世纪末，世界石油储量耗尽所引发的能源短缺，届时将在我们的文明曾经历的最严重危机中，强行削减当前潮流。时限过紧，是否能有任何核能计划足以避免该能源问题，仍不明朗，同时，也没有方案解决其他资源枯竭的问题。

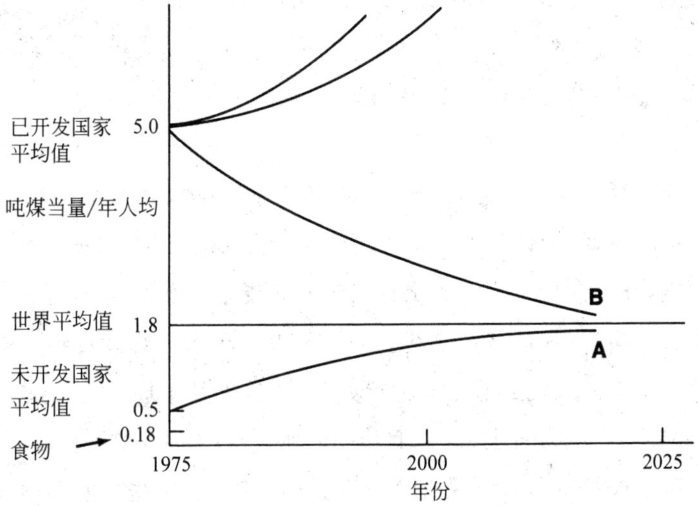

图 4.16 当前与未来的人年均能源消耗

优质燃料与非优质燃料

我们已经看到了数据，即使最乐观的估计，石油和天然气也是优质燃料，因为一方面依照我们的使用速度计算，两者只够用几十年，另一方面它们是方便廉价的能源，可用于交通、石油化工、农业等特定的重要用途。因此，将这些优质燃料浪费在完全可以以煤代替的用途上、并期望后代子孙在面临高昂用途时使用昂贵或不便利的替代品，是一种忽视子孙利益的可耻行为。制造1吨的石油替代品，需要1.5到3吨的煤，而且工厂的资金成本很高，此外还需计入采煤的成本。如果在接下来的30年中，已开发国家把这两种优质燃料的使用量每年减少约8%，把用量降低到当前的十分之一，那么未开发国家就可能享有公平的使用额度，优质燃料的枯竭也将推迟几十年。

优质燃料应该仅限使用于高昂的用途，即使如此也应节约使用。我们必须把电看作卓越的优质燃料，因为发电过程的总热效率很低，但发电、配电设备的资本成本很高。将电用于任何低级用途，对我们的子孙来说是种罪行。只有用于长期照明、供电、电解和超高温制程（高于摄氏1,600度）时才正当合理，但即使如此也需能省则省。

最终能源供应

非优质燃料是煤、煤矿废料、生活垃圾等各种形式的废弃物，以及可更新燃料。然而，即使是煤也有枯竭的一天，因此我们必须视所有化石燃料为资本，并确保投入足够的化石燃料来安装使用可再生能源的设备，那么在化石燃料耗尽时，这些设备能提供全人类相当于每人每年2吨煤当量的生活水准。我们当然也要进行更多研究，在多种原型机的层级，研究太阳能加热器、风力发电机组、低功率照明系统、热泵，和最重要的，生质能源。鉴于仅仅富国有资源来解决世界性的问题，这些国家必须找到经济的方式，为小型用户和家庭用户安装并不非常依赖化石燃料的系统。我们也必须找出一种财政体制，一方面能降低节省燃料系统的安装门槛；而在另一方面，也确保化石燃料更昂贵。工程师必须说服政治家，那些宣传汽车能在多短时间内加速到时速100英里的广告，对我们子孙的伤害，比吸烟对我们的伤害更甚。

第5章
21世纪的交通与通讯

油价将越来越贵，轿车的用油量占了70％，铁路运输系统应该占更重要的位置，并发展视讯技术以降低交通的能耗。

5.1 我们到底想要什么样的交通工具?

工程师对文明最突出的贡献是在运输领域:协和客机、太空火箭,没有他们也许只有“田夫荷锄走,赴家意沉昏”。然而也正是在运输领域,工程师尤其需要清楚自己到底满足了人类的什么需求。协和客机是以下两个观点的产物:其一,速度永远会提升、并且要继续提升,因为这是自然而然的过程;其二,就因为一小部分富人认为,在比时差还短的时间内往返大西洋两岸比较方便,所以工程师应该集中精力为其服务。许多工程师关注提升速度,我们也仍会看到强调汽车可以多快加速到 100 英里的广告,可是英国最高限速其实只有 70 英里。同时,我们可以看到世界上所有大城市都被卡车和私家车堵得水泄不通,所以即使汽车开了一英里或更远,却往往只是以牛步前进。

鲍勒登(Bouladon)[①②]曾列过一张表,即图 5.1。他将运输划分为五个范围,提出三分之一英里以内的最佳移动方式是步行,从三分之一到 3 英里是一段“运输缺口”,虽然该区域中心有缆车、马、自行车,公车在这一范围的中央、顶端则有地铁。他指出,从 3 到 30 英里这第三个范围,是私家车的主要范围,不过火车和轻型机车也涉及这个范围。30 到 300 英里这第四个范围,也是他的第二个运输缺口,理想速度则是 100 英里以上。该范围现

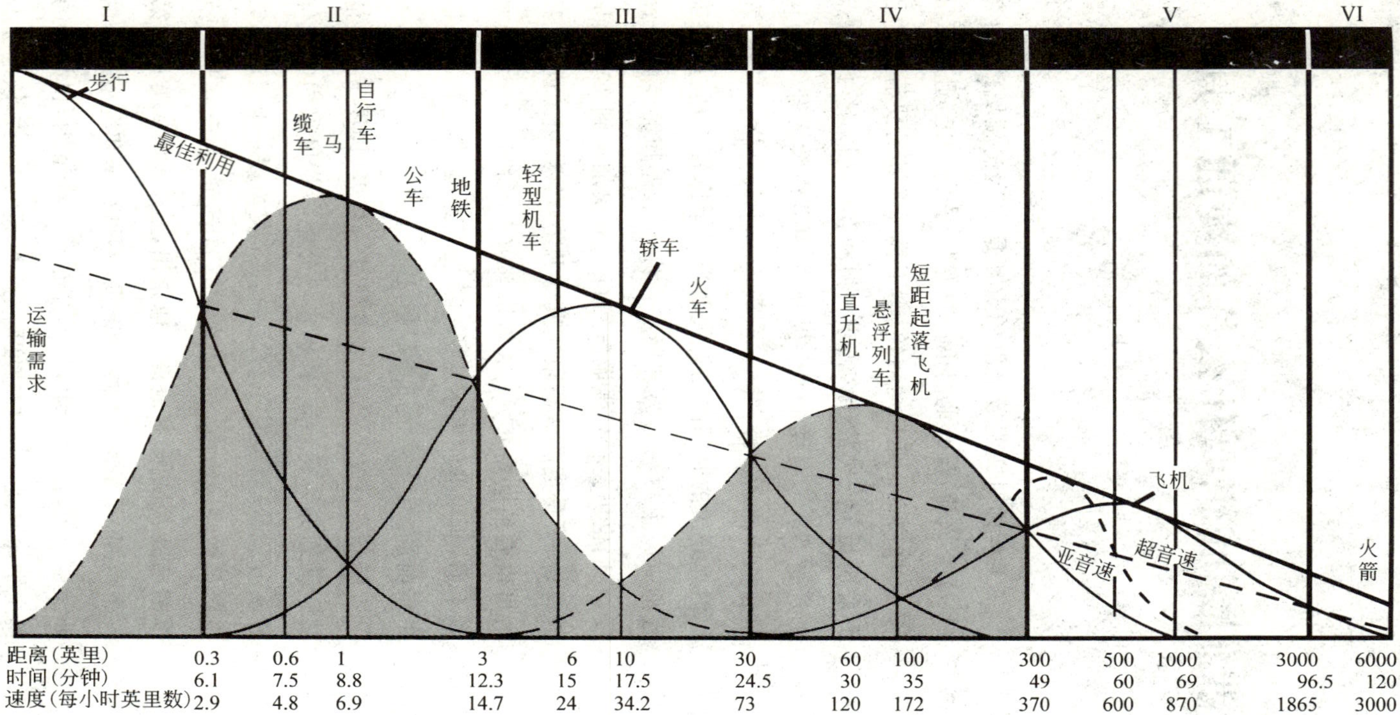

图5.1 只要就运输需求(纵轴)对应现有运输系统的速度和最佳运输范围做比对,就可以找出运输缺口(阴影部分)。运输范围分成6块,其中I,III和V分别由步行、轿车和空中运输满足需求。II和IV有明显的运输缺口。短途需求大大超过长途需求。

有的运输工具只有直升机、高速火车或沿轨道开行的空中交通工具，以及短距起落飞机。300 英里以上，他建议由普通的亚音速和超音速飞机来满足需求。分析后他提出“连续运输”系统的概念，在车站，乘客能沿时速 20 英里的连续输送器加速并上下客。该系统将是对地铁的巨大改进，因为它能载十倍的人数，(由于列车之间没有间隔)燃料消耗也将大大减少，同时大多数行程的时间也会减少，因为列车不停靠中间站。还有许多其他建议来填补鲍勒登所说的低阶运输缺口，而在这个范围内，通勤上班族和游客的需求是很巨大的。然而，虽然许多城市都在加紧设置地铁(战前约有 20 个城市，目前约 50 个，此后 10 到 15 年内可能会达到 80 个[③])，但这些系统都是传统的铁轨与独立推进的列车，在地价较不贵的城市偏远地区，这些列车通常也会开上地面。迄今为止，尽管有种种优势，却还没有一个城市有魄力或财力安装这种连续运输系统，因为资金投入过高，所以不太可能被采用。

展望未来，城市的规模越来越大、私家车拥挤堵塞越演越烈的趋势当然不太可能继续下去。已经有人开始搬出大城市，但这只是拖延问题。就已开发国家而言，这个问题必须与第七章的问题一起考虑，也就是如何为所有人提供有意义的工作。这无疑说明了巨大工业联合企业的大型工厂、总部的僱员数量将急剧下降。这也代表着当前公共交通系统自动化趋势减少了僱员数量，让这些人领救济金而无所事事，在将来势必被视为蠢事一桩。取消公车车长和收票人员，就是公共交通系统不得不做的一件事，这不仅对出行民众造成极大不便，对就业数字也有负面影响。第七章中一项失业问题研究也指出，将来已开发国家可能会有很多人务农，在每年农忙时期，大众搭乘特殊的巴士出城到田间，可能还会有津贴。

有一项清楚的事实，也就是城市私家车的数量破坏了公车系统的便捷性，绝对有必要大幅减少市内私人交通工具，代之以改良型的现有大众运输工具。工程师的首要工作，不再是提高速度和自动化程度，而是能源经济性的达成、噪音与污染的降低，和提高大众运输系统的便利、舒适、可靠程度。

我曾在自己的书《人、机器和明天》(*Man, Machines and*

Tomorrow)④中提出了整合运输系统更好的建议，或许也能让运输系统有更大的弹性，为大众带来更大的便利。可惜，其中无关诸如提高飞机速度等令人激动的工程研究与开发。该建议是使用私有的行李推车兼椅子，可以推到自驾计程车停车处、巴士站、火车站或飞机场，然后固定到系统上供路途中使用。大众运输系统将只包含不提供座位的巴士、火车或飞机，但有能固定这些组件的平台。

在本章以下几节中，我将思考如何在这些方面提高现有运输系统性能。修复英国乡间遭毁坏的铁路可能过于昂贵，但是必须推行小型巴士或多人共乘计程车。

5.2 运输工具的能耗

表 5.1 摘自里奇(G. Leach)⑤的论文，显示 1960 年美国所有运输工具使用了该国总能源的 32%，不过这个数字在 1969 年降为 28%。欧洲的经济合作暨发展组织

	美国		经合组织欧洲成员国	
	1960	1969	1960	1969
总净能耗 * ※	8865	14747	5594	8876
所有运输工具的能耗：	2815	4111	898	1447
占总百分比	31.8	27.9	16.1	16.3
公路运输能耗：	2369	3356	535	1240
占总百分比	26.7	22.8	9.6	14.0
占总运输能耗百分比	84.2	81.6	59.6	85.7
客车能耗：				
占总百分比		16.1		9.4
占总运输能耗百分比		70.7		67.1
空中运输能耗：	302	596	55	138
占总百分比	3.4	4.0	1.0	1.6
占总运输能耗百分比	10.7	14.5	6.1	9.5

来源：经合组织 1955—69 能源统计，188—206 页及 111—129 页(除了客车来源不一，其他所有资料均来自上述来源)

*“净消耗量”指消耗的所有有用能源；即不包括发电过程损失的能源，和非能源用途消耗的燃料。

※单位：10^9 千瓦时当量

表 5.1 运输占净能耗比例：美国和经济合作暨发展组织欧洲成员国

(OECD)成员国的这一项相对数据,在这两个时期都略为超出16%,但美国的公路运输所占比例比较稳定,占所有运输工具的80%到85%,而经合组织欧洲成员国相应的数据则由60%升至86%。两者的客车都占总公路运输的70%左右。空中运输占美国总能耗的3%到4%,经合组织欧洲成员国所占比例由1%升至1.6%。鲍勒登[6]撰写的一篇较新的文章指出,私家车消耗世界石油能源的60%,如果私家车的能耗减少50%,那么石油问题就能解决,至少25年没有问题。不过未开发国家的需求并没考虑在内。截至1974年的5年时间里,美国轿车的平均比耗由每英制加仑17.5英里跌至15.8英里。美国轿车的平均重量在2吨左右,每年消耗的燃料等于自身重量。美国的轿车厂商当时仍在鼓吹重量更重、自动化程度更高的车辆,而这些车耗费了更多更多的能源。直至1974年的能源危机,才有人试图阻止这一趋势。

卡门—加布里尔坐标图(Karman-Gabrielli plot 图5.2[7])考虑到空气阻力和速率平方成正比,把功率换算成每吨(车重加载重)的马力,对应速度在对数坐标图上作图,技术边界则对应这个平方律[8]。当然在此基础之上,船舶的功率最低,比如说驳船。一匹马可以拖100吨,不过相应的速率也低。气垫船的速率高很多,但代价是能耗也大幅增加。铁路运输比公路运输更靠近技术边界,因为道路车辆的轮胎吸收了许多能量,而且由于频繁停车,刹车造成的能量损失也很大。图5.3提出的相对顺序并不相同,因为此图中以每位乘客每英里的燃料能源对应速度,于类似的对数坐标图上作图。图中自行车表现更好,因为车的重量比骑士轻很多;船舶表现糟一些,因为和乘客相比,船很重。满载的火车仍处技术边界之上,因为火车的人均空气阻力相对较低,这也是高速行驶时的主要能量损失。固定翼飞机满载时,接近空气阻力设定的界限。这些数字清楚表明速度消耗大量能源,但也显示出,即使速度一定,不同运输方式的最低能耗也不尽相同。

汽车尤其如此。里奇[9]指出,1974年美国每辆汽车平均每年消耗2吨汽油,而世界其他地方只需1吨;每辆卡车和巴士则每年消耗4吨。库克(Earl Cook)[10]分析了美国汽车的效率为什么这么低。他列出了八

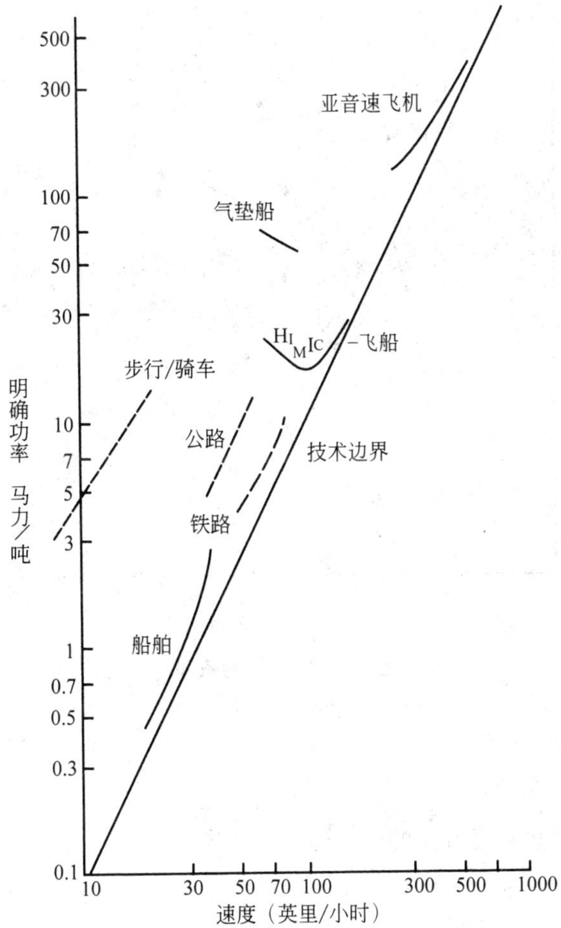

图 5.2 卡门-加布里尔坐标图

个因素。

(1) 汽车重量是所需的两倍。

(2) 为求舒适使用的软轮胎易变形，消耗了约 30%的能量。

(3) 车程若少于 5 英里，就意味着引擎低温运转，效率低。

(4) 无线电和头灯耗电惊人(有人可能会加装散热器风扇，高速行驶时要耗掉几马力的能量，但这毫无必要。如果风扇是电动的，并由自动控制驱动，就能避免这种问题)。

(5) 为了尽快加速，车辆本身的设计导致巡航功率输出为理想值的

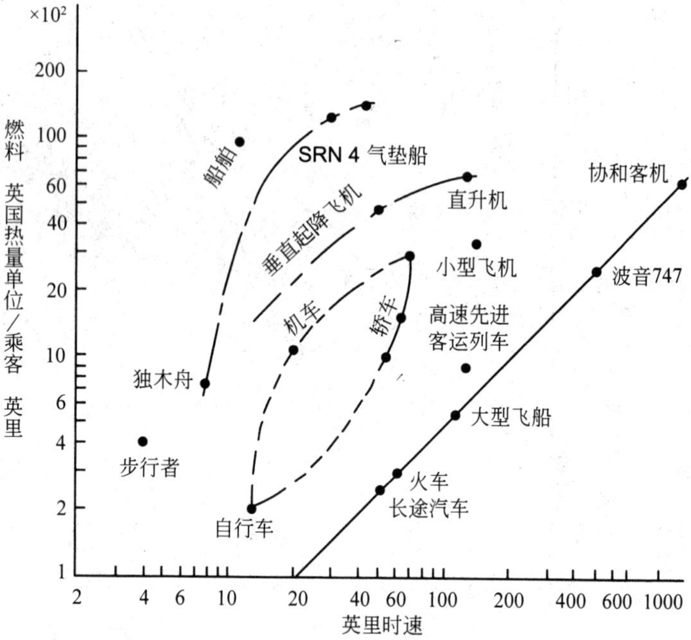

图 5.3 燃料使用效率

三分之一左右。

(6) 排气温度高。

(7) 以理想速度行驶的时间还不到一半。

(8) 通常无法达到理想载重。一辆车载客四人，与驾驶开空车相比，每乘客每英里所多耗费的燃料不超过四分之一。

库克指出，美国私家车的燃耗，相当于世界第三大能源消费国日本的总能耗。美国日益增加的石油进口需求，是该国收支平衡问题的主要原因。

生产车辆的能耗也需考虑在内，因为现代汽车的使用寿命比二战前生产的汽车缩短了很多。里奇引用了芝加哥大学贝里(Berry)教授的分析，显示制造一辆大型美国车所需总能源成本，如果通通加起来，包括运送原料和熔化金属，几乎相当于 3 吨石油当量。

众所周知，特定大小的车只要进入高压缩比的狄塞尔循环(diesel cycle)，可以比点火循环(spark ignition cycle)少用 30% 的石油，同时还能消除废气中的铅。然而，狄塞尔循环有不可避免的缺点，只要石油便宜，人们就不准备忍受这些缺点。尤其，这种引擎因为需要高压喷油泵，所以昂贵得多。莫尔特比等人(Maltby et al.)[11]的文章显示，唯一能有效减少市镇运输能耗的途径是：(i)让更多的人觉得公共交通很合算，(ii)改善私家车的燃料经济性。同一个研讨会的另一篇论文中，戴卫斯(J. D. Davis)[12]则探讨了一种可能性，也就是用专门的储热元件来储存商用车队柴油引擎排放的热，再将这些热用于外部加热式引擎。如果四分之三的汽车使用柴油引擎、排气温度为华氏 700 度，而 70%的废气余热(占燃料输入的 35%)能被截获、并储存在氟化锂储热元件内，那么这些储热元件就能用来运转车队其余四分之一汽车的蒸汽引擎。据他计算，与百分之百的柴油车队相比，这样就能节省 15%到 20%的燃料。该系统还有一个好处，氟化锂储热元件能在中央维修厂以煤加热，这么一来，储热元件的运转就完全无需液体燃料。

5.3 公路运输的未来

私家车的未来

世界各国每千人的轿车拥有量一直稳定上升，美国和加拿大约为 300 到 400 辆，欧洲已开发国家大多为 200 到 300 辆，而未开发国家则每千人只有大约 2 到 3 辆。能肯定的是，绝不会有什么替代品能像从油井打出的液态碳氢化合物一样，对铁路和空中运输来说都是开采既便宜、使用又方便。液态碳氢化合物不仅热值高，可以与 14 倍于自己重量的空气燃烧，而且只要轻型油罐车就能运输，经由细管就能注入引擎。

战时，我们的轿车和卡车运转可以靠固体燃料（无烟煤、木炭或活性焦）经携带型煤气发生器产生的煤气。但这样在便捷性和重量上要付出很大代价，而且煤气清洁起来很麻烦。光是私家车就需要一个大型拖车。因此，当石油耗尽时，就有必要以煤制作液态碳氢化合物，或花大成本从油页岩或沥青砂中提炼，以供公路运输使用。一旦开发出能完全机械化的煤矿处理方法，铁路和海上运输靠烧煤就不会受很大影响。

许多人提议说，氢气能够代替碳氢化合物，作为飞机和公路运输的燃料。然而，表 5.2 显示[13]，氢气每单位重量的热值虽然是液体碳氢化合物的 3 倍，但在能量输出

储存系统 *	车与燃料重量(kg)	容器容量(m^3)
氢气(每平方公尺 13789.5 千牛顿压力下)	1027.00	1.87
液态氢	161.00	0.29
氢化镁(40%无用处)	316.00	0.31
液态氨	116.00	0.17
汽油	68.40	0.08

* 相当于美国轿车平均油箱容积的燃料量＝ 57.4 公斤汽油或 20.6 公斤氢气。

表 5.2 不同燃料的重量及体积比较

相同的状况下,氢气的运输问题却会让它不那么令人满意。即使因为载重的减轻能使飞机推进力增加,但减少的重量却会被液态氢的庞大体积(几乎 4 倍)所抵消,所以为了载这些燃料,还需要加装两个额外的机身。

无论如何,氢气并非初级能源,而是必须花费巨大资金成本利用另一种能源制得,效率不高。而所谓的另一种能源通常是电,同样也需要高额资金成本。因此,在公路和航空运输的未来,当可开采石油枯竭时,与其他能源成本相比,合适燃料的成本将至少增加二分之一到三分之一。

从这一点,我们可以得出结论:如果未来还要继续使用轿车,那么工程师最重要的工作,是在保证舒适与便利的前提下,把每位乘客每英里的油耗降到三分之一。

每五人就拥有一辆以上的汽车,还会带来其他许多问题;特别是污染、噪音、内在陈旧性、交通拥堵和交通事故。天气不好时开车,对驾驶人来说是沉重的压力。另一方面,无论家庭假期或度周末、搬运行李或其他不便搬运的物件等多种用途,私家车因为没有时间上的限制,连晚上也能使用,所以对人类生活来说非常令人满意。然而,若是应用到"唯有 21 世纪全球 80 亿人全都能得到那些东西,我们才有未来"的这一项原理,轿车在未来的角色将与目前在美国的状况大不相同。当然,轿车必得减轻重量以节能、引擎效率必须很高、完全无污染、且耐用达 50 年。标准模型很可能只有一种,但是否能让每 10 人到 20 人拥有一部以上的汽车则很难说。也许轿车不可能再由个人拥有,而是属于很有弹性的租赁系统,如此一个星期下来轿车更能受到充分运用，而不是有95%的时间都干停在一处。或许大城市的中心地区会禁止私家车辆进入，而公共交通系统则相对改善，使得机动性和便捷性都比现在的轿车更好。

现在我要来检视污染问题、包括自行车在内的公路车辆的推进力，以及重型货物在公路运输方面的未来。

车辆造成的空气与噪音污染

车辆造成的污染已有广泛研究，因为每个人都会受影响，而且洛杉矶地区的污染也已经引起了严重的后果，造成了非常独特的气候状况。化学污染主要来自引擎废气；另一个可能的污染源则是曲轴箱通气口，但这些主要都是碳氢化合物烟雾，而现代汽车会经由进气口吸入这些烟雾，在引擎内燃烧。除了在隧道里以外，要想减少引擎排放烟雾的影响，办法之一，是把排气管升高到车辆顶部，因为那里的空气流动更快、利于扩散。大部分研究过该问题的人都认为，受害者主要是行人和交通堵塞时在车里的人。遇到隧道塞车时甚至有必要关闭引擎，因为普通的火花点火引擎空转时会产生大量一氧化碳，拿来自杀都够。废气中的铅浓度虽然比较低，但是扩散范围很广，甚至连极区的冰雪中都有测出。

火花点火引擎，是在空气不足，也就是富油状态(fuel rich)下驱动，以达到最大功率和良好的空转与加速性能。踩下加速器，就会从特殊喷头注入更多燃料。在超载(over-run)状态时，燃料不断注入，而节流阀的动作会使得空气大幅减少，所以可能会有大量未燃烧汽油经废气排放，也可能会在消音器(silencer)内发生爆炸(也就是所谓的逆火)。另一个难题是，很难为气缸提供同样精准的混合物。由于以上种种原因，会使得燃烧不完全，除非在不满载和以稳定速度巡航的状况下。使用气门(choke)会使燃烧特别差，如果是老式引擎，燃烧气体还可能会漏到曲轴箱。未燃烧的物质含有一氧化碳、碳氢化合物(致癌的多环碳氢化合物)和醛。在火花点火引擎上使用低压燃料喷射，能大大改善燃烧状况和燃料经济性，因为可以控制每个气缸的注入燃料量。然而，高性能的火花点火引擎向来都是设计成富油型的。

柴油引擎的效率则高很多，因为压缩比高达16:1，而且不管节流阀在哪种设定，空气注入都很充裕，因为是由注入油料的分量来控制的。所以汽车随时都在空气比例较高（running lean）的状态、较不耗油，只有开启气门以启动引擎器时，或驾驶为获得超过设计的最大功率而进一步加大燃料输入时例外。柴油还有另一个优点，就是燃料中不必加铅，但这种引擎噪声更大、更重、也更贵，因为燃料必须在完全的压缩压力下注入气缸。

自1920年代开始，火花点火引擎所使用的汽油中就添加了铅，大约为每加仑2公克，其中25%到50%的铅会以烟尘形式与废气一同排放。这么做是为了得到高达10:1、且没有“爆震”的压缩比。经观察发现，城市空气中铅含量约为每立方公尺2到4毫克，其中大部分的铅最终将进入水体并附着在植被上。当然，铅是一种能累积于中枢神经系统的毒物，但所测得的含量对人类会造成过多重大的影响，还未能确实证明[14]。然而，工程师必须为这一提升性能的捷径所可能带来的恶果承担责任。

在美国，减少车辆废气中氮氧化物的压力很大。在这方面柴油引擎和汽油引擎半斤八两。这个问题会受到关注，是因为以下种种因素在洛杉矶地区的综合影响：(i)氮氧化物，(ii)炼油厂排放的碳氢化合物，(iii)阻止低层大气对流的逆温天气频繁出现、持续时间又长，以及(iv)强烈的阳光等共同作用，产生了光化学烟雾，对人类眼睛非常刺激，破坏庄稼、老化橡胶。不知道在其他大多数地方，氮氧化物问题是否也如此严重，因为在满是汽车的隧道内测得的最高浓度，还不到百万分之零点一，而工业方面的健康标准，则是在百万分之五的浓度下[15]不得暴露超过8小时。然而，即使浓度很低，持续暴露在其中也可能造成长期影响。氢氧化物几乎都是因氮在车内高温氧化形成的，不过煤或氮含量很高的残油，经锅炉燃烧产生的氮氧化物更多。在乡村，氮氧化物很可能通过雨水沉降至地面，增加农作物合成蛋白质所需的氮。因此，这似乎不是什么严重的问题，只有洛杉矶地区例外。

另一方面，柴油中的硫（0.3%），在形成二氧化硫或三氧化硫、最终变成硫酸的过程中，会使燃烧气体带有可察觉的硫磺味，或在燃烧不完全时产生有刺激性气味的硫化合物。汽油是石油的轻馏分，含硫量不超过0.1%。在这方面，工程师所能作的最大贡献，可能就是减少燃料消耗量。所有经燃烧排放出来的硫，来自车辆的只占约1%，其余全部来自烟囱。

工程师发明内燃机所造成的另一恶果，就是噪音问题。为具体说明和测量交通噪音的研究已经有很多[16]。所谓的百分之十位准(10 percent level，L_{10})这一单位所提供的相关性尚可，但也有不足的地方。L_{10} 是在工作日时从早上 6 时到午夜 12 时、在距离住宅外墙 1 公尺处，每小时 10%的时间所超越级数的算术平均值，单位是分贝(dB(a))。没有安装特殊隔音材料的房屋，也就是旧式房屋，其建议指标应低于 70 分贝。如果每天 18 小时有 6,000 辆车以平均 75 公里的时速通过 30 公尺外的道路，就会达到这个数字。如果平均时速仅 50 公里，则能容许 40,000 辆车通行，但是不可能达到更高的平均速度。如果靠马路设置隔音墙且高度够高，避免噪音在周边绕射，就能降低 10 分贝。隔音墙不能有孔洞，质量方面则每平方公尺至少要重 10 公斤。当然，在引擎周围加装厚实护罩，隔绝引擎，就能减少引擎的部分噪音，好一点的消音器也能减少排气噪音。然而，这样做往往会增加总重量和燃料消耗。

改良型引擎

改进车辆引擎性能的文献很多，涉及以下几个方面：(i)燃料消耗，(ii)增加馏分燃料选择性，(iii)降低污染与噪音。问题包括变更现有引擎的设计，以及电动轿车和蒸汽引擎。修改现有引擎[17]则包括能确保每个气缸有相同燃料喷射量的低压汽油喷射方式、汽油蒸发系统、高能喷嘴火星塞，当然还包括慢慢过渡到柴油引擎。

也有人研究层式进气引擎(stratified-charge engine)[18]，燃料先在富油区燃烧，尔后再和剩余空气混合，这样就有可能获得富油循环(fuel rich cycle)的表现，但却有稀油循环(lean cycle)的燃烧效率。然而，这往往需要高辛烷值燃料，也就代表会有大量的铅。然而，嘉诺塔(M. S.

Janota)教授却证明把15%的汽油换成甲醇和高级醇(higher alcohols)(可以经由转换天然气轻易取得),在完全不含铅的状态下,能得出相当于辛烷值95(三星)的效能。另一派试验研究的是以凸轮轴搭配不同传动装置使用,以求阀门打开的时间与长短能依照不同性能条件变动。使用自动排挡通常会增加燃料消耗,因为能量被液压离合器(hydraulic slipping clutch)消耗掉了。

其他发动机包括气涡轮机、史特灵引擎(the Stirling engine,亦译外燃机)和蒸汽引擎。研究气涡轮机[18]主要是因为它紧凑、功率高、可使用多种馏分燃料、且燃烧完全。然而,气涡轮机的燃料消耗居高不下,因为找不出适当的热交换器;同时也不可能制造低功率的引擎。且因为运转速度很高,所以涡轮叶片形状必须非常精确。因此,把为了高速的飞机所开发的东西应用到公路上,就算是应用于大型卡车,似乎也不是工程的正确方向。

史特灵引擎[19]已经有广泛发展,只要为工作流体和燃烧的空气提供热交换器,其热效率可达40%。这种引擎可以使用任何一种燃料,燃烧也完全。然而,目前其体积还是过大、重量也过重,而无法和内燃引擎竞争。若有大型研究计划,或许能克服这些缺陷。

对蒸汽汽车的研究也有很多。帕尔默(R. M. Palmer)[20]记述了他的深入研究。蒸汽发动机需要一个冷凝器,来驱散比相同功率的汽油发动机多3到4倍的热。在这个设计研究中,他们拒绝使用氟氯碳化物,因为哪怕一丁点的渗漏都非常毒。利用每平方英寸1,500磅压力(lb/in^2 abs)、华氏900度的蒸气,辅以每平方英寸20磅的冷凝器压力,可以得到31.5%的冉肯循环效率(Rankine cycle efficiency)。这种引擎有三个气缸,各有独立运作的活塞,但配置有串联交叉流(tandem cross flow),等于每个气缸有两个内径和两个活塞。还有一个离合器和一个二速变速箱。经计算,时速20英里时,蒸汽引擎每加仑燃料可行驶32英里,而汽油引擎则为26英里;但在时速40英里时,蒸汽引擎仅行驶23英里、汽油引擎为29英里;时速60英里时,蒸汽引擎为17英里、汽油引擎为24英里。也就是说,蒸汽引擎里程数最高,但速度最低。

电动汽车[21]

不管就理论或是试验性质，已经有许多关于电动汽车的相关研究，而利用电池驱动的牛奶配送厢型车也早已广为使用。电动汽车有安静、易启动和无污染的根本优势。然而，与内燃引擎相比，电动汽车却也有根本的缺点，就是必须携带两种试剂，而且要有良好的导配电系统，才能从利用化学方式储电的贫导电浆中将电流导出。因此，与内燃机相比，铅酸电池总是相当沉重，而且充一次电最多只能行驶 50 公里。如果在远离充电点的地方没电了，就只能找另一辆车拖回去。此外，不仅第一次的投资比较高，昂贵的电池还只能使用 2 到 3 年。关于钠硫电池的研究也不少，其单位重量的反应能高很多，又能克服以上许多缺陷，但远离基地没电时的问题不算。该电池必须在摄氏 250 到 400 度下运作，不过启动时需烧燃料、充放电时需保持加热的问题并非难以解决。锂氯电池也在研究中。电动汽车装有再生制动装置，能在电池耗尽前大大提高里程数。

未来比较可能应用在电动汽车上的驱动方法，是使用燃料电池，这种电池利用空气氧化一种燃料来发电。唯一已经利用在商业方面的电池（主要在太空用途）是培氏燃料电池（the Bacon cell），在摄氏 200 度运作，压力则高达每平方英寸 400 磅，但只和纯氧及纯氢反应。现在有实验研究用碳氢化合物（石油脑或天然气）或者乙醇和空气的电池，但是必须在高温下运作，经由水煤气反应，把燃料分解成氢气和二氧化碳。美国联合科技公司[22]正致力于一种磷酸电解液电池，可耐二氧化碳（而不像培式燃料电池使用碱性电解液）。这是作为静态发电系统加以研究，但最终可能造就实用的电动汽车。另一种有趣的想法是锌—空气浆电池（zinc-air slurry battery）。其燃料是含有金属粉末的电解浆。燃料会跟空气氧化，等电耗尽时，可以抽干电池、添进燃料。锌可以在填充站再次还原。

混合动力汽车

德国城镇已经在使用的一种混合动力汽车，是无轨电车，车上有充足的铅酸电池，没有架空电线也能行驶2到3英里，但接上电线后，则有足够的电力在行驶时为电池充电[23]。对城镇和郊区的大众运输系统来说，这样的系统无疑十分有吸引力。车下的电池容量为360伏特、每小时230安培，占总车重量15%。使用再生制动系统。另外也有人尝试开发不带电池的柴电混合动力汽车(electro-diesel hybrid)。

1973年4月，就在石油危机前，在伦敦的玛丽女王学院召开了一次会议，议题是燃料消耗和车辆引擎所造成的空气污染[24]。在会议上逐渐明朗的是，想要保留内燃机的便捷，同时又能大量减少燃耗和车辆引擎污染，唯一的实际办法就是柴电混合汽车。其根本优势是，其柴油引擎提供刚好足够巡航所需的动力，而不是一台为了提供额外的加速动力、而有三倍巡航动力的引擎；所以车辆在行驶时，引擎也一直是全速运转。加速所需的额外动力，来自于仅需三四组传统电池驱动的电动马达。在玛丽女王学院我自己的系上，韦伯博士、嘉诺塔教授和波兰地先生(Mr Bolandi)正在开发这种汽车，是4人座的小车，期望每加仑能跑到100英里。这个系统利用特殊的二比一传动装置，将传统的离合器与传统变速箱相连，磁性离合器在快速输入时连接至马达，慢速输入时接柴油引擎。如此一来就可以有以下几个运转模式：(i)柴油引擎经变速箱连接机轮，(ii)柴油引擎和马达经变速箱连接机轮，(iii)车辆静止时，柴油引擎连接马达，就能作为发电机帮电池充电。该系统会安装高效的再生制动装置，因为使用变速箱能加速马达对机轮的速度。目前正在进行控制系统方面的研究，希望在加装小型电脑，以便应对各种状况后，这种车就能像传统汽车那样轻松驾驭。

美国正在研究柴油飞轮混合动力汽车(diesel-flywheel hybrids)。该车使用无限变速传动装置和一个以氢气运转、储能用的碳纤维飞轮。

有人建议，可以使用液压传动、与压缩空气气缸型再生传动装置来储能的系统来驱动巴士。因为巴士必须频繁停车与启动，这将能减少 20% 到 40%的燃料消耗。

自行车

最后我们得考虑自行车的未来。自行车已经是一种十分精密的工程设计。使用硬胎的轻量比赛用自行车，为人类的交通运输提供了效率极佳的系统。同时，也能让骑士得到体能的锻炼，如果开车上班就没办法了。主要问题有，第一，与大卡车、巴士、高速汽车混行，对骑士而言很危险。其二，恶劣天气的影响。克莱斯顿(Claxton)[25]在一篇文章中指出，在城镇中行程 1.5 英里内，自行车快过轿车，4 英里内则是轻型机踏车比较快。一项关于伦敦的交通调查显示，有将近 900 万人的每日平均通勤距离低于 4 英里，而距离较远的人大多选择火车或地铁，所以那些开车通勤的人平均距离仅有 2.5 英里。伦敦的平均车速最高只有每小时 10 英里，而小镇斯蒂夫尼奇(Stevenage)则是每小时 20 英里。该调查同时指出，如果城里开车上班的人口中有 30%转为使用专用车道、骑自行车上班，那么其余汽车所占空间将缩小 50%。将来城市很可能根本不允许私有车辆进入，自行车和公共巴士将是唯一的交通工具。安全问题无疑需要慎重考虑，就像地势平坦、鼓励使用自行车的荷兰那样。若是能使用新材质，或许就能制造出不受气候影响的轻量化自行车或三轮车。

5.4 铁路

和公路运输相比，铁路运输在理论上有几大优点。

(1) 以每小时所能载运的乘客或物品量来说，火车才有可能有高运载量。

(2) 无需人工控制方向，因此在遇到大雾、路滑，甚至下雪时，也比较安全。如有必要，也可以完全自动化，但无论如何，每辆次的载客量大得多了。

(3) 虽然车轮走在铁轨上会有很大的噪音，但是一条繁忙铁路路线的噪音远不及繁忙的公路，若铁路路线是以电力而非柴油引擎驱动，噪音会更小。无论如何，在许多国家里，铁路路线都早已铺设，而且不像新开的公路那样比较容易靠近现有的房舍。

(4) 安全。英国每年公路事故死亡人数将近 8,000 人、受伤人数超过 3,000 人。据威肯斯(Wickens)的研究[26]，铁路的优越性则大多了。1971 年，每 3,870 万公路交通单元有一人死亡，但每 2 亿 9,400 万铁路交通单元才有一人死亡。一交通单元包括乘客里程和每吨货物里程。乘客死亡原因中有约 40%到 50%是因为轿车和卡车事故，所以大型卡车和小轿车在马路上混行也是一个重要因素。

(5) 最重要的一个优势，也许就是火车每位乘客每英里的燃料消耗最低，不过满载的长途汽车除外，如表

5.3 所示(摘自威肯斯的文章)。威肯斯指出,如果考虑到火车的单位乘客占据的面积大大超过汽车,并以同样面积,即每个座位 1 平方公尺来评估所有系统,那么差距有显著缩小,如表 5.4。若再考虑高速先进客运列车 APT250 的平均速度是巴士的三倍多,那么其燃耗效率就高很多。

因此,如果火车在空气动力学上设计无误,没有多余的重量或乘客空间,那么火车在能源方面就是最有效率的快速地面大众运输方式。火车原本就比公路车辆节能,因为:(i)车头形状特殊而车身纤细,大大降低了单位乘客的空气阻力,且(ii)铁轨上铸钢车轮的滚动阻力也比公路上的充气轮胎小得多。

火车的最后一个优势是可以使用煤。或者在大型中央电厂烧煤为火

(取自威肯斯 *)

车辆	系统能耗(千焦耳/每座位一公里)	平均速度(公里/小时)
巴士	170	60
轿车	720	80
APT250	600	190
飞机	2,100	880

下表格(表 5.4)比较内容相同,但车辆上每位乘客的空间固定,即每座位 1 平方公尺。

* *Loc. Cit.*

表 5.3

车辆	系统能耗(千焦耳/每座位一公里)	平均速度(公里/小时)
巴士	550	60
轿车	1,030	80
APT250	590	190
飞机	3,500	880

因为乘客挤在狭小空间,所以巴士在第一张表中似乎很有效率。如果有必要,其他车辆也可以做到这一点。

表 5.4

车供电,或者由火车引擎直接烧煤。原始的燃煤蒸汽火车头效率很低,因

为蒸汽未经压缩,即使有多个膨胀气缸,膨胀比也不可能很大。玛丽女王学院的研究指出,我们可以制作一个烧煤的现代版蒸汽火车头,完全自动点火、压缩,并结合活塞直接驱动轮组的优势,以及最后膨胀所需的低压涡轮。其总热效率可能接近,或甚至超越柴电引擎。因此,可以预测,在21世纪,不管是在已开发或未开发国家中,铁路系统的重要性必将大大增加。铺设新铁轨的主要问题,则是坡度必须很小。

磁浮列车和以空气轴承取代车轮方面的研究也有很多。这两种技术将能削减噪音和损耗,不过空气轴承悬浮的耗能与目前的车轮轴承大概差不了多少。目前研究转向使用钠硫电池的可能性,这样一来,电气化列车即使在没有供电的轨道上,也可以行驶一段距离。

目前,英国的铁路使用不足,也只有低收益的大宗货物运输走铁路,以至于铁路占总吨里程数(ton-mileage)的18%,却仅有6%的货运收益。英国每年运输里程超过80公里的一般货物达2亿吨。在石油真正稀缺时,这些长距离货物运输将会改走铁路。有人拟定了两级货运方案,借由该方案,铁路可以将35%的第一级货物隔夜送达全国,其余65%的货物则在几天内送达。这个系统的运作可设置20个大型仓库和900个小型仓库,每个小仓库只需一个简单的装卸与作业系统。系统建在倾斜度3%的重力斜坡上,这样货物托板和箱子就能沿坡道从高处的装卸平台滚到火车,再从火车滚到低处的装卸平台。从小型仓库到最终目的地的递送,当然由传统的卡车完成。

当然,还有另外一种货运系统,其每吨英里耗能远低于火车;这就是运河系统。运河系统里,只要一匹马就能拖动一艘装载60吨货物的驳船。运速当然很低,不过在已有运河的地方,就值得考虑重新使用运河运送低收益的大宗货物,比如现在主要以铁路来运输的煤。已经有计划用轨道气垫车(air cushion tracked vehicle)来取代运河上的水闸,可以安排在水位变化的地方,把驳船送上山坡,到了运河高水位处再漂开。这样的轨道气垫运输车也可将驳船抬出运河,送至位于运河1至2公里外的工厂。

5.5 船舶

大型货轮和油轮慢速行驶时每吨英里燃耗很低，不过燃耗增加的速度是航速的平方。现今全球约有5%的石油是用来推动船舶，某些最大型的船每天耗油甚至高达200吨。随着石油开始耗尽，初步措施显然应该是使用煤混油悬浮液(coal-in-oil suspension)，当然要回头完全使用煤也不无可能，但要以气动处理沙粒大小的煤。二战前就有试验研究靠煤粉行驶的船舶，煤可以预先磨碎装进锅炉，也可以利用船上碾磨机碾碎。

因为燃料经济性的压力尚未浮现，所以还没人认真研究传统推进螺旋桨的修改。为取得巨大燃料经济性，考虑中的方法有：

(1) 重新使用风能，必要时配上小型辅助引擎。弗莱特纳旋翼(Flettner rotor)可以做到这一点。弗莱特纳旋翼由许多垂直圆筒组成，圆筒由充当帆的小型马达，或经过空气动力学设计的帆来推动。帆用的是现代材料，由电动控制调整和收起，以适应所需的风和航向[27]。

(2) 图版四是一个研究过的新型推进器模型，可以降低约30%的燃耗，因为该模型可增加推进液体(propulsive fluid)四分之一到五分之一的质量，同时可以消除孔蚀(cavitation)并改进刹车。

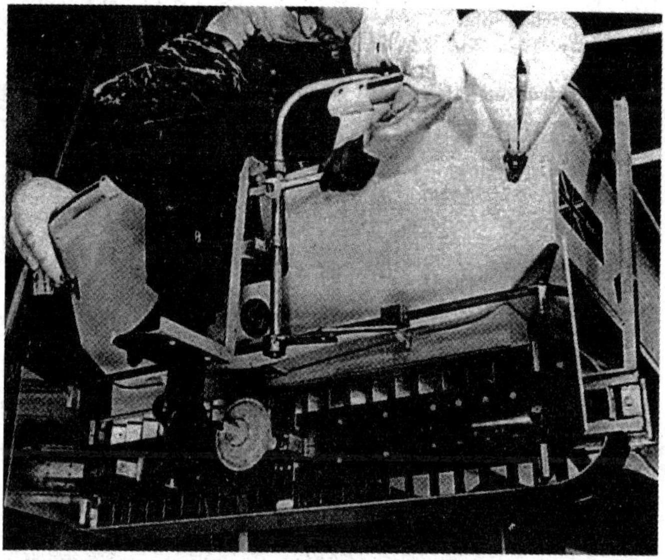

图版四 船的螺旋桨模型

5.6 飞机

威尔金森(K. G. Wilkinson)在《不断发展的科技在未来空中运输的作用》(The role of advancing technology in the future of air transport)[28]一文中指出,20世纪航空业之所以会出现惊人发展,是因为有人认为,要维持战力和有效武器供给的进步,就少不了它。自二战以来,开发喷射推进系统、发展跨音速和超音速空气动力学、钛结构的使用、利用雷达做空中交通控制和惯性导航系统,都是出于军事目的。飞行器速度的稳定提升,早已大大超越了音障(sonic barrier),为的是军事上的跟风。每次的速度提升,无论是否适合大众的需求,都被推销给大众。随着速度提升,每客英里的燃料消耗也增加了,增幅约为速度的平方,其中一小部分因载客密度和人数的增加而抵消。飞大西洋航线的飞机,有些时候起飞重量有50%是燃料,所以减去所需燃料重量,不仅能增加收费货运量,也能直接省下费用。超音速客机是军用飞行器的副产品,坚决生产超音速客机,就乘客大众的立场而言,显然绝非最理想的选择,充其量只能说是奢侈品,专供钱多得没地方花的人。航空运输业的未来在次音速领域,甚至低于目前大型喷射机的0.8马赫正常速度,这么说不只是因为燃耗问题,还有其他种种原因。其中的争议之一,认为若是仅花2.5个小时横跨大西洋,身体必须更快地接受约 5 个小时的时差反应，因此缩短的飞行时间，还不够抵消增加的时差适应时间。其他理由则与音爆（sonic boom）有关，无端增加已经很严重的地面噪音，而且必须考虑到超音速飞机并不合适着陆与起飞时的低速。

如果第三章所勾勒的未来世界的构想成真，那么未来的主要客机将是“空中巴士”，机型大，载客多，以较经济的较低速度飞行，让全球所有人民在有生之年都有机会能出国度假。另一方面，已开发国家未来的商业旅行数可能会锐减。艾伦（J. E. Allen）[29]曾假设，到 2005 年，客运量的年增长率为 6%，那么座公里数（seat-km）将由 8×10^{11}（1970 年）增长至 2005 年的 52×10^{11}。如此增速的确有可能发生，但不太可能是因为已开发国家商务旅行激增所致；而比较可能是一生只搭一两次飞机的全球大众人数的增加。威尔金森也预言在今后 25 年中，世界客运量将进一步扩大为现在的 4 到 5 倍，同时客机的平均收费货运量也将增加 1 倍，那么飞机实际数量只会增加 1 倍。威尔金森认为，复合材料可以减轻 25% 的飞机结构重量，他同时指出，已有试验在机翼和机身表面做吸气槽道（suction slot），借着保持层流边界层（laminar boundary layer）来减少摩擦力。1958 年时燃料还太便宜，不值得这么做，但现在燃料价格和燃料的长期短缺关联重大，层流边界层也开始重新纳入考虑（参见图 5.4）。

中扇（mid-fan）变速引擎的发展，到 1990 年时将能提高 25% 的燃料效率，而有后掠桨叶的螺扇引擎（prop fan engine），如果能以比巡航速度低 25% 的速度航行，效率就能提高 35%。随着油价攀升，这很可能就是未来的发展方向。关于边界层推进力方面，已有设计研究（图 5.5），该设计中机身上的边界层空气被吸入，经由涡轮通风机加速，产生额外的推进液体。咸信，燃料效率可因此提高 6%～7%。这个方向的最后一个方法，是让机翼边界层结合推进液体流（图 5.6）。理论上这样可以大幅改善机翼的升阻比，因为机翼形状特殊，加上推进液体沿机翼底边被吸入后，从机翼后缘的上端排出，这样就能提供上升所需的推力和环流[30]。

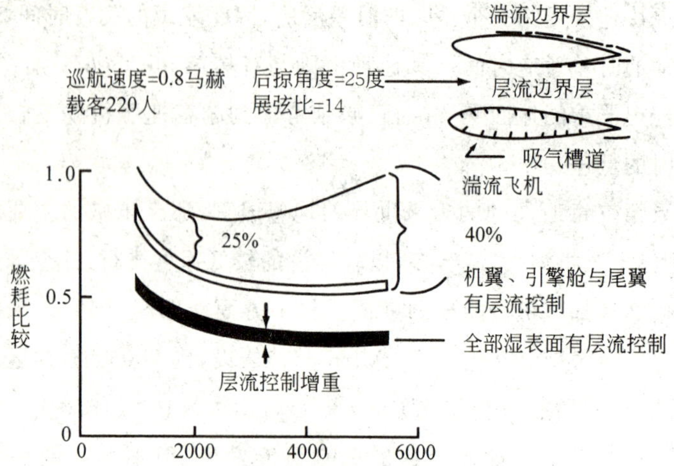

图 5.4 层流控制的燃料节约潜力

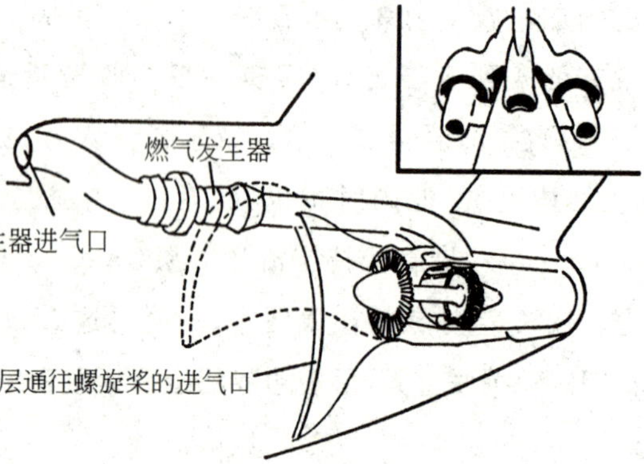

图 5.5 机身边界层推进技术

截然不同的空中运输与城市的整合建议，能够大大改善空中运输最不便的一点，也就是飞机与出发点之间的地面路程来往。我提出了一个系统，让机身与机翼、油槽与推进系统分离，以单轨铁路送至市中心。乘客换乘后，再将机身送至中央起飞航站，在那里安装新的机翼系统，再由单轨铁路上的动力载具(powered carrier)发射升空，因此起飞功率和巡航功率的比例就不必那么大。然而，这个系统绝无安装可能，因为需要众多现有城市同时彻底更换设备。

最后，不能不提现代机场附近居民所受的噪音困扰。根据理查兹

(E. J. Richards)[31]的调查，每位飞进或飞出伦敦希思罗机场的人，得为16.5人受困扰一整天负责。受希思罗机场噪音影响的实际人数，约为50万。有证据显示，飞机噪音会造成严重的听力损伤，以及可以用肌肉紧张度测量的严重防御反应。甚至连心脏疾病的风险也会增加。

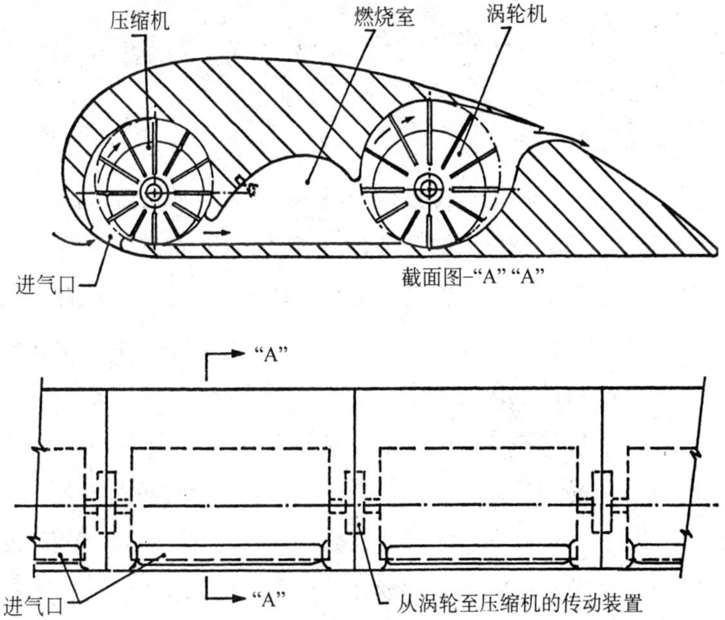

图5.6 机翼的边界层推进技术

5.7 通讯的作用

通讯，是高科技不断偏离人类真正需求的另一个领域。而所谓的需求，是在稳定的世界社会中能够得到满足的需求。在世界上大多数人甚至连基础教育都没有的时候，却有越来越多精密的四声道音响、电视录放影机等物品被送进奢侈品市场。而且，有许多研究都再一次地应军事“需求”而生。只要事关“国防”，取得研究经费就易如反掌。

有三个突出的领域，未来将会需要重大变革，也需要工程师的重大贡献。

(1) 利用地球有限的资源，尽快为80亿人民提供充分的三脑教育。

(2) 由能作视、听交流的更佳通讯系统，取代消耗许多时间和能源的商业、研讨会旅行。

(3) 大量木材被用于新闻用纸。

对于第一个问题，高阶的电视技术甚至卫星电视，将扮演越来越重要的角色。当然，电视永远无法替代面对面教学，但能加以补充。考虑到微电子方面的重大进步，要为全球所有乡村学校配置电视沟通所需的资源，绝不至于高不可攀。

为所有大型组织在至少一间会议室中配备视讯电

话，是高科技能够改善人类交流的又一个例子，不过是否除非双方能至少碰面一次，才可能做出有效接触，也一样启人疑窦。以光纤作短距离的光调变传输(modulated light transmission)，和以直射光束传输超短波无线电，都可以办到这一点，也同样无需使用过多原物料和能源。这样就能大幅降低商务旅行的次数。而随着科技潮的退却，和世界另一端开紧急商业会议可能也不再那么必要了，因为在科技水准较低时，各国更能自给自足。

一旦奢侈的广告不再是经济体系中的一环，新闻纸消耗过量木材的情况也将大大好转。未来，新闻及其他用纸一定会回收，同时，现在也已经有了去除墨渍、重制白纸的技术。报纸量如果减少，今后烧生活垃圾当热源可能就毫无意义可言了。因为目前报纸还是其中主要的可燃成分。能不能制造出一个可以像报纸杂志那样随意翻阅的、配有阅读装置的显微照片系统还很难说，不过问题一旦解决，就能大幅减少这些方面的用纸量。然而，未来报纸能够透过某种系统、以电视荧幕显示特定页，也是毋庸置疑的。可是这样我们在火车上就不能看报纸了！

第 6 章
满足 80 亿人的食物与燃料需求

农林渔牧资源过度开发，富国必须设法协助穷国生产自己的粮食，回归混合农业，尽量回收资源。

6.1 人类真正的食物需求到底为何?

食物在人类生活中扮演重要的角色,不仅提供活动所需能量、身体所需基本物质,和健康所需的维生素及微量元素,而且每天用餐所带给我们的感受,就像花草树木一样,会为我们的生活带来快乐。和家人或朋友一起吃饭,向来都是良好人际关系的重要环节。因此,提供的食物不仅要种类丰富、涵盖足量各种必要营养的混合饮食,而且需注意香、味,提供真正优质的食物,尽可能考虑色、形、材料质地等传统观念。斯特普尔顿(George Stapledon)爵士①甚至提出,食物的品质(愉悦人的能力)是衡量政府好坏的标准。他也相信,“事事物物的至高品质是几个世纪的恩赐,而不是科学带来的”。

然而,科学倒是为人类带来了人口爆炸这个“礼物”,所以该如何为所有这些人提供品质适当的食物,显然跟沿用了许多个世纪的农耕方法无法协调。在这一章,我将研究工程师(特别是机械和生化工程师)为提供足够粮食所必须采取的措施,但我也将尽可能考虑到品质、口味和传统因素。对于人类的需求量,我主要是以皮里(N. W. Pirie)②所引用的数据为准。一个成年人在床上休息耗能 70 瓦(即每年 613 千瓦时,或每年 2.21×10^{6} 千焦耳),坐着则消耗 100 瓦③,缓慢步行 180 瓦,快走 380 瓦,短暂剧烈运动则高达 1,000 瓦。人类的肌肉效率约为 25%，因此我们能以 95 瓦稳定做功，峰值可达 250 瓦。饮食良好的成年人每天消耗的食物含有 600 万焦耳（个子小的久坐女性）到 1,700 万焦耳（重体力劳动者）。皮里的结论认为，健康与活动量正常的成年人，平均每日最小消耗量为每天 600 万焦耳（以营养学家仍旧使用的单位来说，就是每天 1,430 千卡），而农业部则估计英国的平均需求为 1,040 百万焦耳（每天 2,475 千卡）。

食物中的能量来自碳水化合物（如马铃薯和面包中的淀粉、糖、糖浆、糖蜜）和脂肪。在富裕国家，淀粉所占百分比有所下降，而糖和脂肪的比例则有所上升。皮里评论道："把糖用量的增加说成毒品的增加，不是没有道理。"不少医生相信，动物脂肪中的胆固醇是心脏疾病的主要成因，并建议心脏不好的病人以植物脂肪替代。世界肠癌发生率最高的两个国家，阿根廷和澳洲，也是饮食中肉类比例最高的国家。

养活 80 亿人则需要

$10\times365\times8\times10^{9}$ 百万焦耳/年 $=3\times10^{13}$ 百万焦耳/年

这可以由每年 17 亿吨的小麦来提供，也就是每人每年约 210 公斤。

就我们已开发国家加工食品中矿物质及维生素的问题来看，皮里说："我们现在能生产可口的食物，提供了必要分量的主要成分，虽然还是大量缺乏某些次要成分，但仍旧可以看作是科技方面的胜利。"谷物种子的钙和铁不足，而碾磨和"纯化"则把外层少量的钙和铁也除掉了。使用全麦面粉、食用肉类和肝脏，能补充足量的铁。

一般说来，只要运用现有知识，就能够为所有人类提供足够的维生素和微量元素。但在因为传统因素或食物短缺而只吃一种食物（如米饭）的地方，这个问题最难解决。由于维生素的需求量并不大，所以长期由一国工厂生产，并出口至他国算是实际可行，这点与主要能量和蛋白质成分不同。

皮里仔细探讨了儿童和成年人生长与维持需要多少蛋白质的问题。他认为，儿童断奶后需要的蛋白质摄取量是 15%以上，而母亲与小孩若缺乏蛋白质会导致永久性的大脑缺陷。他断定，目前一般都同意，要满足全球的蛋白质需求,这个任务的难度,远超过其他的膳食成分。

他认为蛋白质消耗应达到每天每公斤体重 1.5 公克。因此,70 公斤的人每年需要蛋白质 38.3 公斤。从婴儿期到青春期,每公斤体重每天需要 2 到 3 公克,孕期及哺乳期的母亲每天需要额外补充 6 到 15 公克。这就代表理想的平均值是每人每年 38 公斤,那么 40 亿人每年就需要 1 亿 5,000 万吨蛋白质,那么到了 2020 年可能生活在地球上的这 80 亿人口,就需要每年 3 亿吨。皮里说,目前全球每年谷物产量含蛋白质约 1 亿吨,豆类与含油种子 3,500 万吨,洋芋与其他根茎作物 1,000 万吨,牧草地和粗放牧(rough grazing)场的蛋白质总量与上述相差无几。因此,农业土地上生产的蛋白质总量大约是每年 3 亿吨。然而,牧场、粗放牧场生产的所有蛋白质都进了家禽家畜的肚子,还有一样多的谷物和含油种子的蛋白质也是,而以人类食物而言,“家禽家畜所产出的,通常还不到十分之一”。所以我们可以下结论,如果我们能研发特殊的处理方式,让农地所生产的全部蛋白质都能直接供人类消耗,那么 80 亿人都能得到足够的蛋白质,不过他们当然没有肉、蛋、芝士或牛奶可吃,换言之,大家通通都得吃素。

情况其实更复杂,因为蛋白质种类繁多,营养价值也各不相同。食物中的氮主要存在于二十多种构成蛋白质的氨基酸中,且食物的蛋白质含量估计值是氮含量的 6.25 倍。然而,当食物蛋白质含量较低,或是在叶菜类内时,大部分的蛋白质可能是以非蛋白氮形式(NPN,non-protein nitrogen form)存在,比如尿素。这些氮对人类无用,不过反刍动物在瘤胃微生物的帮助下,可以将非蛋白氮转变成蛋白质。

大部分蛋白质都含有所有的氨基酸,但因为氨基酸的比例、连接方式不同,属性的变化也非常大。有 8 种氨基酸人体无法合成,也因此被称为必需氨基酸。作为人类食物的不同蛋白质的价值,就取决于这 8 种氨基酸的含量,以及在人类肠道中被酵素消化的效果如何。有些蛋白质根本无法消化,像是毛发;有些食物则因为加工问题而变得比较不容易消化,像是鱼干或熏鱼。

皮里说,不可能把蛋白质分为好坏两类;像是以前都认为动物性蛋白质是好的，植物性蛋白质是坏的，然而现在大众已经知道，叶片与某些块茎中的蛋白质，就和多数动物性蛋白质一样好。现在大众也意识到，不同生活背景的人需要不同的蛋白质。

在生长过程中，氨基酸是人体的建筑单位。成年人需要蛋白质更新人体损耗，补充消化过程中损失的蛋白质，并提供指甲、毛发生长所需。碳水化合物可以储存在肌肉中，蛋白质却不然。皮里推断，“为确保所有必需氨基酸供应充足，就像多一半原则一样，如果大部分蛋白质来自不均衡的食物，就有必要多摄取一些蛋白质”。谷物与豆类（如小麦、稻米与黄豆）是最常见的不均衡食物来源。小麦含有10％到12％的蛋白质，因此在小麦能提供足够能量的前提下，只吃小麦就能提供足够蛋白质，但稻米的蛋白质含量低于小麦。脂肪和糖则不含蛋白质。

拿谷物来说，蛋白质集中在靠近外层处，因此谷粒越小、蛋白质比例也越高[④]。苹果的维生素C是朝表皮集中，所以同样的，苹果越小，每公顷产量越低、营养价值就越高，口味也越好。斯特普尔顿强烈反对不考虑个别的需求与喜好而硬性规定饮食，也不教人选择最适合自己的食物。他极力支持生产的多元化。显然，这应该是全人类的最终目标，但是对未开发国家来说，眼前的目标一定是以地球有限的资源，长期生产充足的所有已知必需营养物。

6.2 化石燃料和化学性矿物在农业方面的使用

已开发国家的现状

表 6.1(摘自里奇《食物生产中的能源》(*Energy in Food Production*)⑤)列出了 1968 年英国农业投入的化石能源和食物加工的能量产出。单位是 10^{15} 焦耳/年或 0.040 百万吨煤当量/年,当时英国人口为 5,500 万。该表显示:

(1) 农场出产的初级作物(primary plant material)所含有的能量,是用于种植作物和饲养家畜所消耗化石能源的 2.5 倍。

(2) 主要是因为动物的能量转化率很低,而大多数作物又用来饲养家畜,所以农场出场作物(farm gate crops)的能量仅占约实际产出的十分之一;而人类实际吃下肚的植物性食物,其实只不过刚好超过农场出场数字的一半。

(3) 动物饲料含有的能量,大概是种植饲料所需化石能量的 5 倍(可见农作物对太阳光的利用很有效率),但最终给人类食用的动物性制品所含的能量,却仅占饲料能量的 7%,也就是说家畜为了让人类利用而被吃下肚的东西,只转化了十四分之一。当然,家畜转化蛋白质的效率会比较好一些。总的结果是,生产人类动物性食物

英国食物生产的化石燃料投入			
农场	初级作物	237	340
	动物	103	
进口饲料			53
进口食物			260
鱼类			46
加工	饲料	51	527
	食物	476	
食品店等			139
食物总量			1,300
食物能量总量(所需57%)			**138**
生产作物的能量投入			
来自初期作物的代谢能			1,116
农场出场作物的代谢能			119
可食植物的代谢能			**65**
生产肉、蛋……等能量投入			
生产饲料的化石燃料投入	英国农场	103	207
	进口	53	
	加工	51	
饲料所含能量	本国	951	1,055
	进口	104	
动物产出	总量	94	可食用 **73**
单位:10^{15} 焦耳/年(40,000吨煤当量)			
农场投入细目:			
场房和运作	52		
机器	32		
肥料	82		
燃料和电力	108		
鱼类食品生产的能源利用率:	1/20		

表6.1　英国农业;能量投入与产出(里奇)

所消耗的化石燃料能量,是食物本身能量的三倍。

(4) 食物的加工、配送、包装和出售使用的化石燃料能源,是农场上投入的两倍。

(5) 所有本国生产食物的总能量(占我国需求的57%)仅比制造所有

食物的总化石能源消耗的10%多一点。

(6) 海洋渔业所消耗的化石燃料，大约是鱼所吃掉食物能量的20倍。由于渔业资源耗尽，渔船不得不去更远的地方捕鱼，也使得这个数字迅速上升；比如从1958年到1971年，亚得里亚海捕获每吨鱼所需的燃耗增加到2.6倍(里奇引自李维和贾内提，《联合国粮食与农业研究评论》，地中海综合渔业委员会，第53期，1973年)(*Levi and Gianetti*, *UN Food and Agriculture Studies Review*, GFCM, No. 53, 1973)。

表6.2[6]中，制造人造奶油与天然奶油所需化石燃料能量的差异，反映了食用植物产品与动物产品好处的比较。这个表也显示，与糖这类常温产品相比，配送冷冻食品的能源需求巨大。

美国和加拿大食物生产所使用的总能量(每年34×10^9焦耳，或每人每年1.4吨煤当量)大约是亚洲人均总能耗的四倍[7]，因此如果全世界人均能耗都跟北美相当，那么仅食物生产就占1970年世界使用总能源的三分之二。加州农业以灌溉农业(利用烧石油的发电厂)为主，22%的农场能量用于肥料，44%用于灌溉，而在加拿大用于谷物和玉米的肥料能量(fertilizer energy)分别占46%和57%。世界5%的天然气产量用于肥料固氮。

农业对燃料成本影响极大的一个部分，就是温室暖气，使用了英国农业25%的石油燃料[8]。因此多利用太阳能、加强绝缘并使用非优质燃料，就算以当前燃料价格来衡量，在经济上也才站得住脚。

以干禾草和苜蓿当做反刍动物的饲料，比干牧草多两项优点，其一，每公顷地每年的产出，尤其是蛋白质，是进食量的两倍；其二，作物收割后，不必仰赖干燥天气。然而，这就意味着要使用优质燃料(欧洲使用石油，美国使用天然气)来蒸发水分，效率低于80%。由于禾草在收割时，干物质仅占20%，所以燃耗不小。

大麦秆可以直接当做反刍动物的饲料，或加入硷破坏纤维素细胞壁后再利用。小麦秆比较没那么有价值，油菜秆在这方面则毫无价值，而且通常都得在田里就地焚烧，因为太硬，不像残株可以犁进田里。

1公斤人造奶油	公克石油		1公斤奶油	公克石油		1公斤糖	公克石油	
黄豆的栽种			**种植及酪农业**			**种植甜菜**		
美国种植黄豆	110	206	牵引机	308	1,484	牵引机	11	49
美国丹麦间运输	96		肥料	628		肥料	28	
			进口饲料	185		机器"损耗"	10	
			酪农业	252				
			机器"损耗"	111				
生产			**生产**			**生产**		
油脂提炼工厂	49	127	乳品	268		运输甜菜	10	219
精炼厂	31					制糖工厂	209	
人造奶油工厂	40							
脱脂牛奶	7							
配销			**配销**			**配销**		
包装	47	169	包装	47	169	包装	9	26
运输	8		运输	8		运输	8	
零售店	114		零售店	114		零售店	9	
总计		502	总计		1,921	总计		294

1公克石油≈10^4卡或4.2×10^4焦耳；1公斤石油≈10^4千卡或4.2×10^4千焦耳

表6.2 能耗(公克石油)

图6.1摘自《农业之能源需求》[9]，比较的是农业所使用的化石燃料能量和可消化能的产出(digestible energy yield)之间的关系。消化过程可能是经过牛，比如说青贮玉米饲料(silage corn)，就这个例子而言，最终成为人类食物的仅约占十分之一。这说明达到每英亩每年6×10^9卡(每英亩每年25×10^9焦耳，或每英亩每年1吨煤当量)后，可消化能的产出就不再增加，虽然应该以类似的作物来作比较，像是以谷物比谷物、以稻米比稻米。

图6.2则显示，从1910年至1969年间，美国的施肥量(单位：磅/英亩，以氮，磷，钾等肥料主成分计算)由0增至120，但产量却只增长了一倍。

要完成当前状况的分析，就不能不提水域优养化(eutrophication)的问题，也就是土壤中的化肥被雨水冲进水体，引起蓝绿藻等麻烦东西过度繁殖。美国多个内陆湖的情况尤其严重。

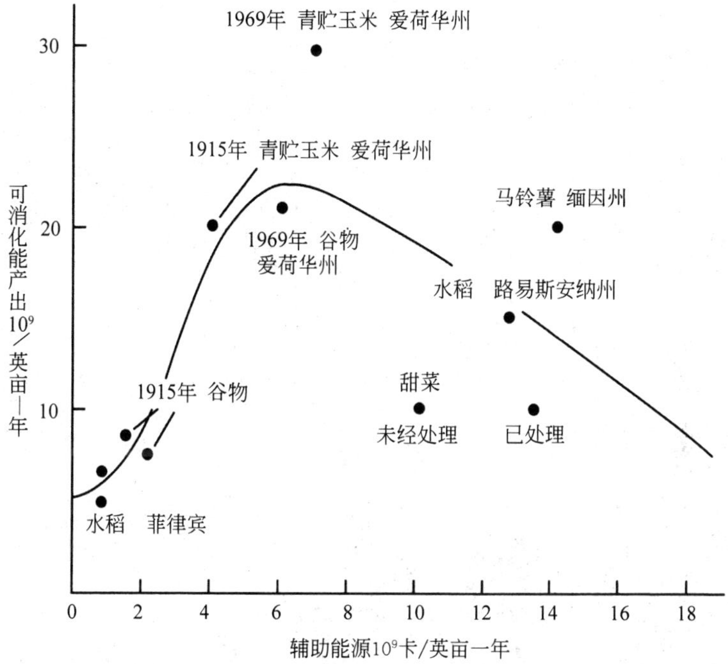

图 6.1(a) 农业方面的能源使用结果

较未开发国家的状况

几年前，为解决较未开发国家的粮食问题而兴起的绿色革命，曾受到热烈欢迎。这些大都是出生率相当高的国家，大多是因为生活不安定所导致。然而，绿色革命尚未有广泛的应用。比如说，到了 1974 年，南亚及东南亚仅有 15％的稻田种植了新的高产出品种[10]。高产出品种需要大量的肥料和水、更易受杂草和虫害威胁，扎根也比较浅。当地农民负担得起这种技术的很少。生产氮肥需要大量石油，油价攀升后，更是雪上加霜。根据计算，如此一来印度将每年都需新建 2.5 个价值 1 亿美元的肥料厂，因为每个厂都要负责喂饱新增的 600 万人口。

确实，像美国和加拿大这样高度开发的国家，只要利用大量化石燃料并投资机器，就能多供应 10 到 20 年的粮食给全世界。当然，当世界人口增长了一倍、且石油与天然气也越来越稀缺时，这种做法只会导致长期灾

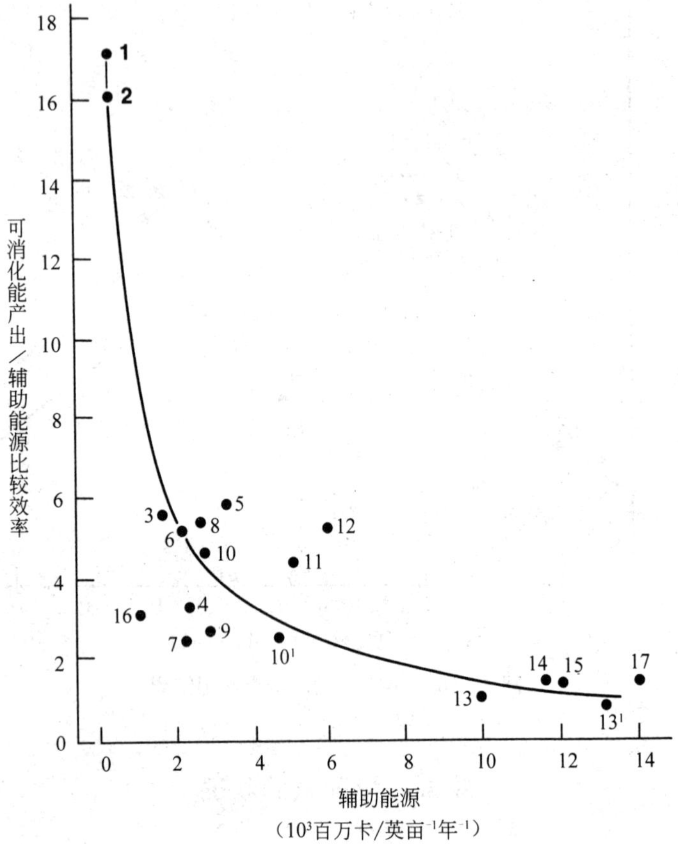

图 6.1(b) 改写图 6.1(a)（1 百万卡英亩$^{-1}$ = 10.3 百万焦耳公顷$^{-1}$）

难。然而，这种做法甚至连当作短期解决方案都不行，因为：(i)当前经济体制使得较未开发国家根本买不起这些粮食，因为他们出口的原物料或大批作物的价格很低，(ii)富国在经济衰退时，让自家农人种粮食无利可图，而在经济繁荣时，则把这些粮食拿来饲养食用家畜。

仔细研究过该问题的人，会得出以下两个结论⑪。

(1) 设法让世界较贫穷的地区能种植出足够粮食、满足自身需求，是首要措施。由于贫穷地区缺乏资源，无法从事所需的农业、工程、生化、医疗和社会研究，因此富国必须贡献充足资源，与穷国全面合作，寻求解决办法，然后再提供足够机械、开始一定规模的生产。我必须再三强调，拥有充足廉价石油、气候温和、降雨规律、土地肥沃，还有工业投资已达 150

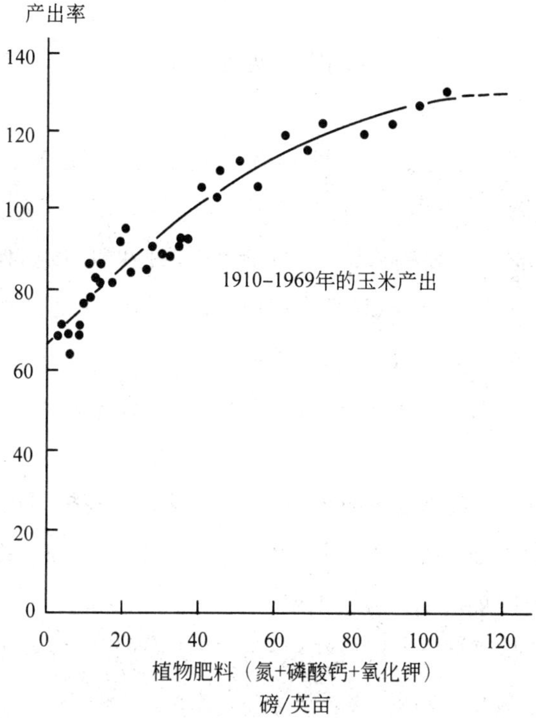

图 6.2 1910 年至 1969 年，美国肥料使用增加、回收却减少的征象

年的富国所适用的方法，其实非常不适合热带地区的穷国。世界不同地区各有不同的问题和饮食习惯，但只要富国把目前投注在武器和高科技方面（例如核能、太空竞赛，还有协和式客机）的大部分资源贡献出来解决这个问题，可能还来得及。

（2）在 21 世纪，如果我们想要有稳定的文明，那么富国就不太可能继续拥有以肉类和其他动物产品为主要蛋白质来源的饮食组成。

上述两个结论都阐明了思林的经济原理，“凡是对我们后代子孙来说正确的事，现在总是无利可图，也几乎总是失策”。帮助穷国自己种植粮食无利可图，帮助穷国自己生产机器、而不是把机器卖给他们，让他们去生产便宜的原物料，也是无利可图。削减武器和高科技方面的支出、要求大众少吃肉并不审慎。因为唯有在战时，他们才愿意牺牲。

我们能做什么?

处理下个世纪80亿人口的粮食问题前,必须先解决以下几个小问题。

(1) 我们必须长期制造肥料,特别是磷、钾和氮,以确保目前世界所有可得农业用地都有好收成,且不使用煤以外的任何化石燃料。最终,连煤都会耗尽,那时我们只能自己种植能源。

(2) 我们必须提供充足而适当的植物性蛋白质,作为主要蛋白质来源。

(3) 我们必须提供足够的机器,以及足够让这些机器运转的燃料,这样才能充分利用好土地,还要让30%到50%的人口在土地上工作。家庭菜园和配给的规模也许需要大幅扩张。

(4) 我们必须充分利用现在浪费掉的所有产品,并在不造成污染的状况下回收一切必要元素。

(5) 我们必须有效防治杂草及虫害(例如鼠害)。

(6) 我们必须找到治水的方法,避免水灾及旱灾的灾难性影响,还必须逆转目前的荒漠化进程。我们也必须找出能彻底利用沼泽、内陆湖和丘陵地的方法。

(7) 我们必须考虑鱼类养殖如何提供人类更多食物。

(8) 我们必须达到海洋渔业平衡,而不是破坏渔业资源、使得捕鱼成本越来越高。

(9) 随着石油越来越缺乏,我们应该种植更多作物,并以作物残渣制造石油、塑胶、羊毛等东西的替代品。

再回到英国(一个高度机械化、食品种类丰富的已开发国家,食物自给率仅57%)这个特殊例子来看,毫无疑问,我国机械化产品的出口贸易必定会持续缩小,因此我们必须做到食物在基本上可以自给自足。特别是肉、糖、乳制品、黄豆和鱼类方面,我们应该无法进口更大的量。因此,我们将靠种植蔬菜获得大部分的蛋白质。将来也不可能进口磷来制造肥料，因为全世界都将面临严重短缺。

尽管石油短缺日趋严重，如果我们能做到以下几点，就能轻松达到上述目的。

(1) 回归混合农业(动物、谷物和蔬菜)和轮作，如表 6.3 所示。该表比较的是一个农场(比如我自己的农场)在 100 年前、目前和 50 年后应该有的状况。小麦秆一样可以用作牛的睡铺和肥料。

(2) 开发皮里的叶片分馏技术(the Pirie leaf fractionation process)制造蛋白质，以为人类饮食提供大量蛋白质。

(3) 恢复田地上 30%的例行工作，借此吸收大部分的失业人口。要达到自给自足和充分就业，就一定得做到这一点，但需要得到与失业救济金相当的政府补贴。

(4) 开发用于回收的机器。以及利用废料、利用城市水肥、用猪牛粪生产沼气、在塑胶温室中利用二氧化碳——所有这些做法现在都不经济，但能减少浪费。风力灌溉方案、太阳能干燥、改善地面覆盖(better ground coverage)，开垦边缘土地都具有潜在价值。

目前我们拥有耕地 1,200 万英亩(其中 900 万英亩种植谷物，以小麦和大麦为主)和 600 万英亩的牧草(与可耕地轮作)，所以我们每个人约拥有 1/3 英亩的耕地(以 5,500 万人口计)[12]。此外还有 1,200 万英亩的永久草原和 1,700 万英亩的高地，几乎无法耕作。我们的饮食平均每天摄入 1,470 万焦耳(每天 3,500 千卡)和 75 公克蛋白质；然而我们的基本需求其实大约是每天 1,130 万焦耳(每天 2,700 千卡)和 50 公克的植物性蛋白质。

以现在的经济标准来衡量，预期英国农业未来应该会比较平稳，不过大致保持相同的方向。鲍曼(J. C. Bowman)[13]说："酪农业、甜菜和油菜的规模预计会扩大，肉类生产会缩小，而谷物种植面积大体不变"。

据威廉斯(W. Williams)[14]计算，如果全素饮食，英国需要 300 万英亩来种植本国面包所需的小麦、100 万英亩大麦用来酿啤酒、60 万英亩洋芋、150 万英亩甜菜，70 万英亩蔬果，还有 300 万英亩种植榨油及蛋白质作物。总计 980 万英亩。

	1875	1975	2025
劳力	3 到 4 人（全职）	兼职 2 人	全职 2 人＋1 人（五月至九月）
动力	4 匹马	1 到 2 辆牵引机＋电动马达（主要部分）	1 辆牵引机＋蒸汽引擎
化石燃料		16.5 吨油（其中 10 吨用于肥料）	3 吨油
土地利用			
母牛	12 公顷		15 公顷（放牧）
母羊	12 公顷		
母猪	4 公顷		
谷物	12 公顷	40 公顷	7 公顷小麦供出售 8 公顷牲畜饲料
苜蓿			10 公顷
年产量（售出农场以外）			
母牛	（10 头母牛＋10 头幼犊）		（25 头母牛＋10 头肉牛） 3 吨
牛肉	2 吨		
小牛肉	0.1 吨		
牛奶	18,000 公升		90,000 公升
乳酪	0.14 吨		
谷物	10 吨小麦	160 吨小麦和大麦	28 吨小麦
浓缩蛋白质（蛋白质含量 50%）干重			8 吨
肥料	全由农场自产	氮 4 吨 磷 2 吨 钾 2 吨	燃料固氮 0 到 1 吨 回收利用城市垃圾和水肥：氮 1 到 2.5 吨；磷 0.75 到 1.5 吨；钾 0.75 到 1.5 吨

注：在 2025 年的农场，夏季时母牛会在 15 公顷的牧地上放牧。冬季时母牛则食用萃取过蛋白质的苜蓿草渣，以及来自 8 公顷牲畜饲料中的大麦和羽衣甘蓝（kale）。浓缩蛋白质经适当调味和处理后供人食用。有些农场也许会以绵羊取代一些牛，不过可能只有山区农场会这样做。

表 6.3　东安格里亚 40 公顷（100 英亩）农田在过去，现在和估计的将来（石油稀缺时）的产量

		未进口	
	百万吨 当前值	牛奶和鸡蛋	各种蔬菜
肉中蛋白质	0.35		
鱼肉中蛋白质	0.1		
牛奶中蛋白质	0.5	0.8	0
鸡蛋中蛋白质	0.07	0.14	0
富含蛋白质的蔬菜所含蛋白质			1.0

威廉斯认为，牛奶和鸡蛋的替代品值得期待，也许还有额外的一些蔬菜性蛋白质，而我们一旦扬弃了吃肉的习惯，就能有充足的土地。的确，我们不必那么密集地使用土地，只要每英亩产量可以降低到目前的一半，就能完全摆脱人造氮肥(每年 150 万吨石油生产 50 万吨氮)的使用。

6.3 作为燃料、织品与其他材料的作物

1970年，人类商业用途的全年能源使用量为 2.4×10^{20} 焦耳(5.3×10^{16} 千卡)⑮，而全年地球表面入射太阳能为 3.6×10^{24} 焦耳(8.8×10^{20} 千卡)，而全球植物生产转换太阳能为 2.4×10^{21} 焦耳。因此，如果我们能利用目前转化能量的十分之一，就能供应相当于1970年人类所使用的能源，也就是每年100亿吨煤当量。对80亿人来说，这就是每人每年1.25吨煤当量。这个数字小于第四章提到的每人每年2吨煤当量，所以我们不得不得出如此结论：我们需要在全球许多人口高密度地区种植更多能源作物，也可能要灌溉所有的沙漠和部分半沙漠地区，以种植能源作物供出口。第6.8节将考虑这个可能性。我们当然也必须寻得方法，提高地球上广大植被覆盖区域的太阳能转化率。要从农产品中取得燃料的方法有许多。

(1) 直接燃烧，事先以自然干燥程序处理更佳。稻秆、甘蔗渣、木柴，甚至干燥的动物粪便都有人使用。所有的钾和大部分的磷都留在灰烬里，但这部分中少量的氮则是流失了。这些燃料通常要先压制成砖、打包或切碎，才比较便于使用。而当然，自从发现火以来，木料就被拿来当做可燃物使用。古老的英国“矮林伐采”(coppicing)就是一种转化太阳能非常有效的办法。被称为

根株(stool)的树桩(stump)保留有根部，能长出 6 个分枝，每隔 7 年左右剪一次。

(2) 甲醇原本被称为“木精”(wood alcohol)，因为这是制炭过程中木材低温热解的副产品。炭当然是优质燃料，但特别因为炭的内部表面积大，所以炭有更多珍贵的用处。

(3) 细菌转化，例如发酵，包括用甘蔗制造酒精，用麦秆和其他形式的纤维素、木质素来制造牛用酵母蛋白质饲料，用椰奶制作人用酵母蛋白质，还有猪粪经过厌氧发酵来制造甲烷[16]。以甘蔗制得的酒精可直接用于改装后的火花点火引擎，或者经过脱水后制成乙烯，也是制造多种化学品和聚合物的基础。新南威尔士的连恩(J. A. Lane)(私人通信)曾做过这方面的实验，他估计在澳洲，一台两马力引擎所需的燃料和润滑(蓖麻油)只需要来自 0.2 英亩土地的产品，而要保持每匹马的“燃料供应”则需要 1 英亩的优质牧场。因为引擎只有在工作时才需要吃东西！

(4) 虽然可以利用煤或焦油的氢化作用(高压常温状况下利用催化剂和氢反应)来制油，不过有许多种农业废弃物是更容易反应的原料。我在雪非耳的实验室进行的研究，就曾经成功使用了棉花残株。

巴西打算利用甘蔗和树薯(2,000 万立方公尺)来制造酒精，以满足国内 20%的燃料需求。只要利用热交换器，汽车就能直接燃烧酒精，而没有效率损失。有大量的便宜土地可供机械化种植，主要来自砍伐亚马逊河流域的森林。

卡尔文(M. Calvin)[17]正研究各种分泌乳汁的灌木(其中橡胶树最有名)——它们直接以碳氢化合物形式来储存太阳能——希望能找出“汽油树”，种植在不毛之地。此类植物的碳氢化合物含量占总鲜重(fresh weight)的 2%到 10%，所以可以达到每年每英亩 2 桶以上的油产量。

连恩也曾跟我提过维卡拉纤维(Vicara)，在 1957 年以前，就已由玉米粒在萃取酒精时产生的玉蜀黍醇溶蛋白质(zein protein)制成。这是营养价值最低的蛋白质(目前正在培育较易碾磨、也不会引起玉蜀黍红斑(pellagra)的新品种玉米)。据他计算,这种植物性蛋白质羊毛每英亩的产量,是放养绵羊牧草地的5到20倍。这种纤维吸水性好,如羊毛般柔软温暖,对于细菌或霉菌引起的损毁,其防止效果也优于棉花和人造丝。

6.4 新作物开发

植物的唯一能量来源是经过光合作用的阳光，但植物的效率很低。第 6.3 节曾经说过，全年入射的太阳能，是陆地植物生长的 1,500 倍，因此，考虑到地球表面五分之四由水覆盖，陆地上仅有三百分之一的阳光转化成植物能(plant energy)。其实，大部分的太阳能在海里也被转化成植物能，因此燃烧和动物所产生的大部分二氧化碳，又被转化成氧气，由海洋释放。

因为叶片不是黑色的，所以有四分之一的阳光会被反射，而被吸收的阳光中也仅有一半波长适合。损失的能量会蒸发叶片中的水分(热蒸散作用)，这在某种程度上来说很有价值，因为可以把养分由根部带到叶片，但在极其炎热的气候下阳光过于强烈，叶片光是为了降温就会流失过多水分。这些能量也会引起对流，为叶片带来二氧化碳。据皮里[18]计算，晴朗的日子里，英国的有效可用太阳能为每平方公尺每小时 200 万焦耳，如效率以 4%计，可以产生 5 公克的干物质(热值为每克 1 万 7,000 焦耳)，也可以从空气中吸收 7.3 公克的二氧化碳，若是 12.4 立方公尺空气(空气中二氧化碳含量为每立方公尺 0.59 公克)则可以吸收掉全部的二氧化碳。由于植物只能利用一小部分二氧化碳，所以每平方公尺的作物每天吸入几百立方公尺的空气。然而，仅在平静的日子、植物生长旺盛同时地面叶片覆盖完全、或是在温室内，缺少二氧化碳才会降低生长率。事实上，叶片尖细挺直的谷物和甜菜，在完全覆盖地面时，效率可达4％到5％，但一年中仅有一小段时间如此。英国有许多杂草在早春时期就可以开始进行光合作用，因为其根抗寒，如果我们能加以利用，每年阳光的利用率就能更高。品种改良的短茎谷类已经可以把更多阳光投入谷物中——现在麦秆和谷物的重量已经差不多一样了。

温带地区的作物，拥有名为C_3的碳同化作用(carbon assimilation)系统，其固定的碳中有部分会以二氧化碳的形式呼出植物体外，而许多热带作物则为效率更高的C_4系统。已经有人在培育能在温带生长良好的C_4作物。对现有的各种玉米品种来说，我们的季节都太短了。提高英国产量的育种方式还有很多⑲，比如

(1) 在全球范围寻找种植在我们气候中可能会有价值的物种；

(2) 在像是小麦等非豆类作物上发展固氮根瘤，或让这类作物能吸收自由生活的固氮细菌产生的氮；

(3) 培育多年生小麦，根系可以使用多年；

(4) 培育苹果树，种植间隔0.3公尺，保持单一树干，在第二年大量结果后，刈去全株、只留树桩。如此，从一开始就能让叶片完全覆盖。

在没有冬天霜冻问题的热带，全年都能种植作物，一年中也有多种可接力种植的作物能栽种。问题主要在于水、过热、缺乏肥料和知识。像是玉米搭配豆类、玉米搭配花生、卷心菜搭配番茄等间作方式，因为有助于减少虫害与杂草，所以有益于主要作物。国际稻米研究中心(The International Rice Research Institute)目前的工作，不但必须与当地农民合作，也要培养高产品种。

皮里认为，由于藻类生长所需的二氧化碳必须来自其生长的水体，因此不太可能成为普遍的人类食物，但和细菌同时生长在污水里的藻类，能帮忙净化污水，而混合物经凝结、过滤后可作为动物饲料。中世纪的僧侣就曾吃生活在污水中的鲤鱼。

用目前的废弃材料生产食物的方法，显然日后一定很常见。可以制

造富含蛋白质的人类食物的废弃材料有：

(1) 乳酪的副产品乳清——可以制作婴儿食品中需要的优质蛋白质[20]；

(2) 椰奶[21]；每年光靠菲律宾的发酵工艺，就能生产6,000吨酵母蛋白；

(3) 含油种子残渣；皮里说，缺乏蛋白质的穷国供应给英国等富国的油菜，是猪和鸡主要的蛋白质来源。

6.5 新农耕器械

犁地所消耗的能量非常巨大，而直接播种(direct drilling)工艺不必犁地，靠喷药除草，这个方法在已开发国家(如油菜播种)和未开发国家都有使用。国际热带农业研究中心(The International Institute of Tropical Agriculture，位于尼日利亚伊巴丹)开发了一种由电池驱动的微型喷雾器，所以只要从低处喷洒除草剂，每一个农民就能用每公顷 2 公斤的除草剂来除草。该中心的维杰瓦德纳(R. Wijewardene)正致力于开发一种 3 到 5 马力的三轮车辆，主要作为运输工具，但喷洒距离可达 6 公尺、能同时栽种两排，如果操作人员跟着走的话，就可以作 1 公尺的旋转耕种和 0.9 公尺的旋转割草。由于液体燃料在这些国家价格不菲，这种机器可以由电池或酒精驱动，或是用烧当地生物燃料的蒸汽机驱动。

犁田牵引机也有缺点，就是会淘土(panning the soil)，且车轮打滑时损失的能量很大。其价格必定非常昂贵，需要大型车轮以及昂贵的轮胎。“蜗牛”(Snail)[22]靠自我驱动的绞盘拉动绳索带动犁(原先由牛来拖)耕田，制轮木受拉力被推入土中固定机身。“蜗牛”拉力有 5.5 千牛顿(100 磅力)、有一个 6 马力的柴油引擎，但机器如其名，“蜗牛”速度慢(每秒 0.56 公尺)、要两人操作，耕田仅占一半的工作时间，因此耕一公顷地需要 8.5

人/天。

我建议使用步行机(参见图版五),它有多种底座可配合不同土壤。"蜗牛"是为适应在干季结束前开垦土地的国家而开发的,那里土地很硬,耕地能充分利用雨水。任何一种需要卷收或解开缆绳的系统总是会比较慢,也比拉一个或多个犁头的乘坐式牵引机需要两倍以上的人力。在未来或是在未开发国家,增加的人力需求也许并不是缺点,但当天气因素是最细枝末节不可靠,或是季风来袭日期无法预测时,机器的工作速度就很重要了。利用两台蒸汽机在田里来回拉犁的老式系统,和马有相同的优点,就是不像重型牵引机会"淘土"。重型牵引机则因为车轮会不停变换接触点,根本没有静止抓力,所以在淤泥里会下陷到车轴的位置。相比之下,腿、足部和履带式牵引机有负重接触面,也就是脚,当上方的主体向前移动时,脚是完全静止的。而且,这个脚甚至不需要依赖轮胎胎面产生抓力,因为在脚抬起之前"脚跟"已陷入足够深度。如果能成功开发出比履带式牵引机更便宜更简单的步行机,那么将能大大造福全世界的农民,也将省下高速牵引作业所需要的庞大能量。如图版五所示,我建议的机器将依靠传统的传动链移动。

图版五　步行牵引机

大麦秆经碱处理、打破细胞壁后,营养价值将提升,能成为牛饲料的重要成分。用于这项制程的机械已经由英国油品与蛋糕制造商——西尔库克斯(Silcox)安装在约克郡的同一间工厂,在夏天时可以使用叶片分馏技术处理苜蓿。过去 30 年来,为了提供人类优质蛋白质,皮里率先推广叶片分馏技术,能够处理任何新鲜嫩叶,甚至是新鲜水草,产生的蛋白质品质可以和动物性蛋白质媲美,且优于黄豆等种子蛋白。每公顷产量自然是动物性蛋白质的数倍,因此可以低价大量生产。在潮湿的热带,每公顷每年能生产多达 6 吨的粗蛋白,而像英国这种气候,也能产到 2 吨。当前的主要困难是这种蛋白质的口味和需要者的饮食习惯。螺旋压榨机(screw press)是用来萃取富含蛋白质的叶片汁液的“机器牛”,不过还没开发出令人满意、可以适用于村落低功率作业的小型单螺旋压榨机(single-screw press),要能满足皮里设定的条件:破坏细胞壁,挤压汁液通过很薄的纤维层,不留蛋白质在细胞壁上。图 6.3 是作者设计的单螺旋压榨机,有一对蜗轮作为螺帽,防止机器内的材料转动。

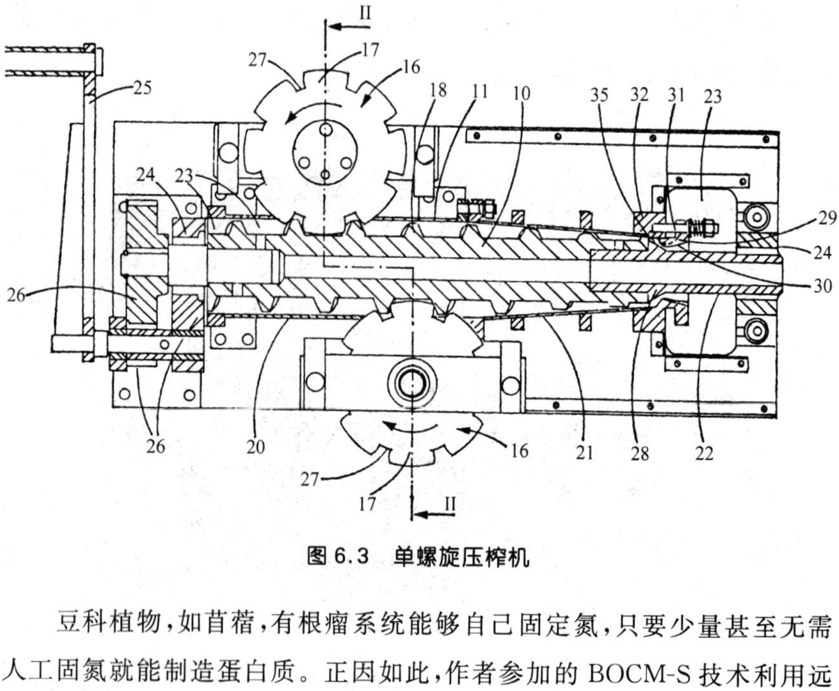

图 6.3　单螺旋压榨机

豆科植物,如苜蓿,有根瘤系统能够自己固定氮,只要少量甚至无需人工固氮就能制造蛋白质。正因如此,作者参加的 BOCM-S 技术利用远自 7 英里外农场处采集而来的苜蓿,在五六个月的夏季中播种 4 到 5 次。

利用双螺旋压榨机，大约有一半的蛋白质（蛋白质约占干物质的20%）会集中在压榨出的汁液中，加热到几乎沸腾后凝结，由连续输送式过滤器分离，最后干燥。剩下的纤维仍是很好的反刍动物饲料，而且只需蒸发一半的水分。在美国，蛋白质则分别在摄氏60度和80度两个阶段凝结，第二次的凝结产物含有一半的萃取蛋白质，呈白色、也几乎没有苜蓿的强烈味道，可以作为人类食物中的蛋白质添加剂。

多效蒸发（multiple evaporation）技术原先是为了在浓缩糖时节省蒸汽；类似的多重急速蒸馏（multi-flash distillation）技术则是为了制造可饮用的蒸馏水而开发的。这两种技术都会反复使用蒸发工程的潜热，且大部分的水都先会经过冷凝才流出系统。在蒸汽压缩干燥（vapour compression drying）技术中，蒸发的水全部冷凝，而所用的动力则靠压缩蒸汽以提高温度的引擎提供，所以潜热能全部回收利用。这种能量可能只有潜热的六分之一，且这种技术也可用来干燥固体。随着优质燃料价格攀升，利用这种技术来干燥含水量很高的草和其他农产品，还有已脱过水的干燥污泥，这两种可能性值得认真考虑。

曾有实验利用太阳能，引导空气流过一层曝晒在太阳下的谷物，借以干燥谷物。英国的太阳能是热带的三分之一，但如果能以低成本建造一个够大的太阳能收集器，并且在没有太阳的时候提供某种辅助加热，那么这点太阳能还是值得拿来用在某种干燥技术上的。在任何情况下，都需要巨型风扇，而风扇引擎排出的废热随时都能利用。

在已开发国家，新机器首要关注的是用比目前少得多的石油与其他化石燃料生产更多的人类食物，以及建立人类与自然间更持久的平衡。然而，无论短期还是长期，采收时会有多得多的可用人力资源（见第七章）。像是联合收割机（combine harvester）这类的发明，让人不再那么受制于变幻无常的天气，仍旧不可或缺。

在未开发国家，研究每个区域的特殊需求是一种普遍的需要（就像“中级技术发展团体”的执行成果），如此一来就可以开发机器，让每个区域都能自给自足，生产自己所需的食物和燃料。

6.6 肥料及杀虫剂

农艺产业中，耗费最多燃料的就是人工制氮，而随着矿物燃料价格走高，这可能会贵到无法负担。我们将不得不回收所有的氮，包括干血在内的所有动植物废弃物都必须拿来制成堆肥，而最终必须开发出能回收尿素中可溶性氮的技术。我们可能不得不开发用水更少的卫生洗手间。回归到动物/谷物/蔬菜的混作和轮耕能有所帮助，为非豆类作物培育固氮细菌也会有帮助。

至于磷、钾等其他主要肥料元素，我们必须减少被冲刷入河流的量，并发展从水中甚至从海水中取得这些元素的方法。陆地上干燥后的污水淤泥（可以从中回收重金属）的使用也需要推广到世界各地。污水淤泥能够作为家禽、反刍与非反刍动物的蛋白质来源[23]。特伦特河畔斯托克（Stoke-on-Trent）的爱德华兹和钟斯（Edwards and Jones）开发了连续高压过滤压榨机（continuous high-pressure filter press），可将淤泥团块和旋转脱水泥浆的含水量降低到合理数字，再进行最后的蒸发干燥法（evaporative drying）。

对现代谷物农来说，用石油化学工业做成的除草剂价值非凡，即使是茅草和野燕麦这些顽强的杂草的生长也能得到控制。除草剂用油不多，或许也仍为必需品，不过在混合农业、轮耕和手工锄草经济可行的地方，自然就不是非用不可了。

石油化学制品做的杀虫剂非常有效，对大面积种植单一高产作物的农民必不可少，但杀虫剂飘移，特别是以飞机喷洒，会严重危害到人类生命。由国际热带农业研究中心所开发出来的方法，就是在热带地区以手持式器械喷洒低剂量农药，不但可以更经济地利用药品，也可以避免飘移的危险。另外，干扰交配习性、引入天敌等生物防治方法，也正在试验中，前景可期。

6.7 治水

每年我们总会看到有数以千计的人死于洪水，同时在其他地方却又有数以千计的人死于干旱引起的饥荒，这些都是有良知的工程师应该深入关注的问题。毫无疑问，只要投注于军工业上的工程能力与资源有一小部分转向这些方面，就能解决这些问题。

利用水坝储水的做法已经广为世界各地使用。储存雨季的水供全年使用，甚至将多雨年份的水留给干旱年，在这些方面，水坝弥足珍贵。但由于水坝拦阻了肥沃的淤泥，对农业也会有负面影响，而真正的危机在于这些淤泥会在50到100年内塞满水库，到时水坝也将失去蓄水能力。因此，虽然用大型机械在山区建水坝是最廉价的储水方式，也可以进行水力发电，但这可能并非避免各灾区干旱问题的最佳办法。应该在某些地方考察是否能沿河建立多个小水库，配上适当的防护以减少蒸发甚至可作地下工程（比如在罗马帝国时代的北非）。在许多地方，比如尼日利亚，多孔隙陆块地下几公尺就有季风雨水，问题是如何抽出足够水量来灌溉地面作物。萨弗里型（Savery）太阳能水泵在试验中效率不彰，现在正实验用太阳能蒸汽引擎来驱动水泵。

1949年于埃拉特（Eilat）附近地区进行的实验[24]指出，有许多植物能够在高盐度水（每公升2.3到6公克）

灌溉的贫瘠沙丘地区生长。只要土质是沙或者碎石，渗透性佳又能好好灌溉，那么不耐盐的植物就能生长在耐盐植物的群落中。种植成功的有粮食和饲料植物、55 种树和多种具备工业用途的灌木。某些谷物和牧草可以用总溶解固体浓度达每公升 40 公克的海水来灌溉。印度发现一种小麦，用每公升总溶解固体 20 公克、其中氯化钠高达每公升 15 公克的水来灌溉，也生长良好。应该根据这些结果开办实验农场。

犹他州立大学的麦凯尔(C. M. McKell)曾提出[25]可利用干旱地区自然生长的灌木作为工业原料，比如乳胶，也可供放牧羊等动物，而不是加以破坏。

然而，显然是我们终有一天得要想办法让全球沙漠地区恢复自然生态。我刻意使用恢复一词，是因为现在有很多沙漠，像是内盖夫(Negev)、戈壁和撒哈拉沙漠的一部分，数千年前曾是肥沃的农业用地。曾以古法收集露水、减少蒸发，甚至地下储水处的周遭地区都曾有城镇繁荣一时，但战争和山羊的啃食破坏了广大地区的植被。只要能重建树木和植被，甚至连沙漠地区的大气候也能改变。非洲炎热地区的实验[26]证明，植物所需的水分中，有三分之二是用于叶片的热蒸散作用，好在炙热太阳下保持植物体凉爽，而只要用白色密网遮蔽作物、反射大部分阳光，但同时容许空气自由循环，那么作物的需水量就能减半。这是由林木遮荫和仙人掌遮荫的方法发展而来，可好好加以应用。

唯一可以大量制造淡水来灌溉沙漠地区、又不需要用化石燃料驱动的方法，就是用太阳能蒸馏海水。利用发电厂和多效蒸发产生的废热，可以提供工业地区饮用水，但因为燃料成本和资本成本的关系，废热无法用于农业。附玻璃盖板的太阳能蒸馏器的使用已经超过 100 年，而澳洲和美国也对玻璃和塑胶盖板的两种规格都进行了研究。然而，在沙漠地区为农业发展安装这种设备的资本成本和难度太高，但正计划进行适当规模(1 公顷)的试验安装，以期找出降低资金成本至合理数字的方法。沙漠 24 小时可以蒸发 5 公厘的水，因此蒸馏器必须覆盖一半沙漠地区，才能在另一半种植作物(有太阳防护措施)。

6.8 淡水鱼及海水鱼

科技为海上渔民和捕鲸人提供了非常致命的设备，使得大部分受我们喜爱的海鲜变得越来越少。拖网渔船必须跑得越来越远，即使有加工船，鱼类食品所含的能量跟捕鱼所消耗的能量比在英国渔业是 1 比 20，而亚德里亚海的渔业则是 1 比 100[27]。几乎所有的能量消耗都是渔船所需的石油燃料，这也说明，为了食物我们是多么依赖有限的化石燃料。英国渔船现在的渔获量小于 1938 年[28]。

海水鱼几乎都是肉食性的，大鱼吃小鱼、小鱼吃食物金字塔底部的微小植物，因此我们不太可能找到方法来提高某海域鱼群数量，或是把它们变成比较讨喜的种类。我们所能做的只有规范渔获，好保持种群平衡，想方法把目前认为难吃的鱼或鱼的部分做成美味。在制作鱼片的过程中，鱼骨和内脏没有什么食用价值，但该过程中占鱼片重量 30%的上等鱼肉却被浪费了。优良的工程就能弥补这一切[29]。从人类食物角度考虑，把部分的鱼喂给动物吃也是很没有效率的做法。

皮里说，鱼主要生活在大陆棚（水深不超过 200 公尺）区域，面积大约为 3×10^7 平方公里——约非洲大小——但有充足渔获的地区仅一半左右。磷的不足限制了鱼的生长，但我们能做的只有更善加利用有富磷的深层海水上涌的地区。

有一个重要的例子，是一种未捕获的可食渔获、或者在捕获后只用于动物饲料这种没效率的用途，也就是一种小虾(磷虾)，这种虾类生活在寒冷水域中，数量庞大。我们捕杀了大部分以磷虾为食的鲸鱼后，磷虾数量增长迅速。现在我们应该要开发新技术(“机械鲸”)，将之变成人类的美食。

利用湖泊养鱼，或者圈海养鱼时有提起，中世纪僧侣就曾有鲤鱼池塘，并由厕所提供鱼食[30]。鱼的换肉率比陆地动物高，因为它们不必浪费能源保持体温、也不必抵抗重力。世界水产养殖量(每年500万到600万吨)大约是全球渔获量的10%，且主要是中国的鲤鱼。对较未开发国家而言，鱼能够补充动物性蛋白质。现在正研究的方法是在温水池塘中施肥，以繁殖植食性鱼类和贝类吃的藻类和植物。在印度，无需喂养，就能有每年每公顷1公吨的鲤鱼产出，而在以色列，若以饲料补充，则每年每公顷必须有2.5吨的渔获，才能达到损益平衡。主要因素是土地和人力的成本开销。

在已开发国家利用污水淤泥养鱼，问题出在有害病原——重金属、清洁剂残留和持久性有机化学物质(persistent organic chemical)。有个有趣的设想:在污水处理厂培育蠕虫和苍蝇幼虫等生物物质，再喂给鱼吃，倒是一种有趣的可能性。据说，服务1万人的污水处理厂，每年可生产50吨的生物物质，然后可用以饲养30吨活鱼——如果能成功，将会是回收利用的绝佳例证[31]。英国每年在陆地、海洋倾倒140万吨干燥淤泥固体(每年100万吨初级淤泥，含脂肪25%，普通蛋白质16%;经生物处理的次级淤泥每年40万吨，其中普通蛋白质占40%)。

有人建议[32]，英国可以找出1,000公顷的近海区域来养殖比目鱼。幼苗在孵化场繁殖，然后转移到围场。围场水温由发电厂的废热维持在摄氏15度以上，而鱼则在此以饲料增肥。目前这个方法还算经济，因为比目鱼价格很高(每吨1,000英镑)，但显然在21世纪就行不通了，因为到时候，废热和饲料会有更好的用途。

第7章
工作与社会稳定

为了维持社会稳定，政府必须补助四个领域：①服务业，尤其是教育和医疗；②农业；③保育工程；④手工业。

7.1 人为什么需要有意义的工作?

自工业革命以来的200年,工程师所有的目标就只有一个:提高每人单位时间的产量,同时开发产业工人买得起的新产品,借由改善他的生活水准来让产业界可以继续雇用他们。正如本书前三章所讨论的,这种做法在某一程度上有一定成效,但从受雇于产业界的员工角度来看,却有两个灾难性的后果。其一是工作的不满意(job dissatisfaction)或是工作疏离感(work alienation)。工作室中手艺工匠和田间农民的技术,因无聊而重复的工作而荒废。现代工作被过度细分,以至于大众不会对成品的品质感到骄傲,也不会有保证生产成功的责任感。其二,是更微妙的问题,也就是生产的指数增长,因原物料(特别是燃料)、空间、消费者抵制等限制而终止,所引起的失业问题。

图7.1摘自马多克(Ieuan Maddock)"超越新教伦理"('Beyond the Protestant Ethic')一文①。该图显示了被归类为初级、次级与三级产业的从业人口比例变化。初级产业的比例已经降到非常小的百分比。在英国的初级产业主要是农业,但也包括矿业、渔业和林业。次级产业就是一般所谓的工厂制造业,主要是把初级产业的产品加工成可销售的商品,而三级产业就是服务产业,包括交通、运输、配送、开店、修理、教育、医疗服务、行政和军

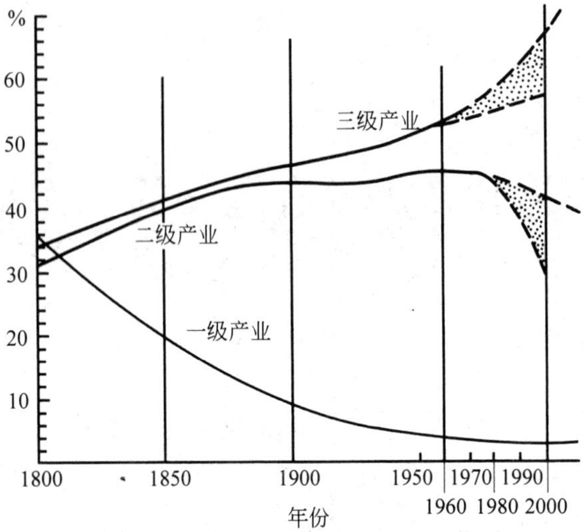

图 7.1 就业变化

事行业;三级产业也包括工厂中的白领工作者。次级产业从业人员所占比重在过去 100 年来基本不变,但在未来引入自动化、微处理器和机器人之后,这个数字预计会大幅下降。

从长远看,还有三个无可避免的趋势,会更进一步削减次级产业从业人员。

(1) 为了节省原物料,并让所有人都能买得起汽车、冰箱等消费品,这些消费品必须有很长的寿命(50 年以上)。生产内在陈旧性商品和用过即丢的商品,必将被视为目光短浅的灾难行为。

(2) 能源,特别是天然碳氢化合物的有限,必定会限制我们在广告、时尚和非必要的改变方面的巨大花费。从这种观点看来,21 世纪的经济应该会更像战时经济。

(3) 若是想达到稳定文明这一目标,我们在武器生产方面所投注的巨大人力资源和原物料就必须喊停。

因此,本书的论点引导读者得出如下结论:从长远来看,未来投入生产的工时数会大幅下降。许多作者以较常规的方法预测,也得到了相似的结论。法伊夫(John Fyfe)[②] 指出,近年来工业国家的失业率普遍持续上涨，他认为，当前和未来的经济复苏循环，将不再能消除劳动力市场的低迷。

马多克（在上述引文中）指出，自二战以来，发达国家的失业率便呈稳定上升趋势，还外加周期性波动，现在所有已开发国家的失业率已经高达5%到8%。

赛德勒（Philip Sadler）[3]描述过农业人口长期持续减少，以及白领人口长期持续增长的状况，但自1960年代后半叶，次级产业的人口比例已有减少的迹象。英国主要失业人员属于煤矿开采与早期建立的制造业，如建筑、刀具，棉、毛产品，摩托车和电机。运输和配销这两大服务业，也有所下降。桑德勒认为，有必要稳步推行自动化、机器人和微处理器，因为，这么做虽然会导致更多人失业，但是这些对取得国际竞争力是必不可少的，无论竞争对手是先进的已开发国家，或是劳动力价格低廉许多的未开发国家。

斯托尼尔（Tom Stonier）[4]在给政府"智库"的一份预测中总结，仅需10%的劳动力就能满足一个科技高度发达社会的物质需求。

在第三章中，我认为，一般大众若没有过着有成就感的生活，就无法成就稳定的社会，是不证自明之理。如果一个人一生只领救济不做事，不论救济金有多大购买力、能负担多么高水准的生活，此人在生命的终点必然感受不到成就感。舒马克[5]说："佛教观点认为，工作至少有三重功能：提供人一个利用及开发才能的机会；借着与别人共同参与任务而去除自我中心态度；为适当的存在带来所需的物品和劳务。"泰勒（Lynda King-Taylor）[6]对人类需求有以下观点："大众有确切的心理需求，这些需要满足的需求，每个工业国家都显示得很清楚。大众需要：

安全和社会秩序；

感情与爱情；

地位与成就；

尊严与自我尊重；

有机会学习、达成和进步；

被视为负责、有民主精神的人；

挑战与自我尊重。”

在英国社团研讨会(British Association Conference)关于“科技,选择与工作的未来”会议(1978年11月22日)上,一位博士指出,其实失业会杀人,而且众所周知,有些人退休后很快就过世了,被迫让位而提前退休的人,其实心不甘情不愿。

我想用三个因素来阐明,为什么我认为缺乏有意义的工作,会使得拥有自我满足生活的难度增加。

(1) 一般健康人士的基本需求是,感受到社会需要他们的贡献,工作做好时也会有职业自豪感。这也是人类良知非常重要的活动。现在却常被扣上“清教徒伦理”的帽子。然而,人的自尊必然要求他们觉得应该为取自社会的一切回馈社会。养育一代不知付出、只觉得社会欠他们美好生活的青年,和学生成才无需努力这一谬论,在本质上一样糟糕。“工作狂”这个词过去是破坏传统价值的帮凶,但是任何一个人,像是带大一家大小的母亲懂得,到头来,有意义的工作远比“杀时间”更让能人觉得满足。

赫兹伯格(Herzberg)说“成长的感觉、朝着一生中的重大目标努力的感觉,不是嗜好所能给予的……我们势必会强烈地感觉到,能满足社会需求也满足自身需求的活动,才是人类最大成就感之所在”⑦。

(2) 大多数人的生活需要规划。只有极少数人能自律到经年、每天有效地工作。成功的作家如此,但这也需要发展到相当程度的兴趣,还有极大的意志力才能养成如此习惯。对于我们这些人来说,硬性规定工作时间是可取的做法,尽管有人会引用家庭主妇的话,“女人的工作永远做不完”。理想状况是有个每天只需要走路就可以上班的工作,但这在有序的社会里几乎不可能。并不是说每个人都需要一个每周工作40小时、每年工作50周,这样一辈子工作45年,但对大多数人而言,一辈子可能有至少一半的时间需要规划。

米金(Meakin)(在上述引文中,第 184 页)引用了莫里斯(William Morris)对无所事事的厌恶。莫里斯在《人的艺术》(*Art of the People*)一书中说道:“我们所能做的只有尽可能缩短劳累的工作,当闲暇时间超过了人类所需,既然我们认为累人的工作是烦人的,那么我们该做什么好呢。是不是用睡觉来打发,干脆一睡不起呢。”米金认为未来社会的唯一希望,就是让每天工作成为道德标准。

(3) 满足人的创造性,让创造天赋发挥极致,做对他人有帮助有意义的事,是最高形式的个人成就。创造性的嗜好能在一定程度上满足这一点,并总能弥补工作所无法满足的创造性。尽管如此,找到方法,替代因工程师开发出来的工作细分、大量制造、装配线等而被破坏的工作满意度,是极其重要的。现代工厂里大部分的非技术性工作,给人的满足感要比以下工作小得多:(i)独立完成整件物品的手艺工匠,(ii)直接下田种粮食的人,还有尤其是(iii)本身工作就是帮助他人或和动物打交道的人。只要有办法就让机器来为人服务(如,用售票机代替车掌),把许多服务行业视为低下卑贱、而非培养愉快人际关系的好机会,又是我们另一种灾难性的想法。一个稳定社会必须做到:教育体制应该培养青年的一切创造天赋,让他们把人际关系看作是生活中不可分割的一部分。

马多克(在上述引文中)提出,如果工业朝现在的方向发展下去,会出现四个越来越麻烦的问题。

(1) 生产工人可能每隔 10 年就需要改变职业技能,甚至可能必须移居他国。

(2) 劳动力呈两极分化:少数的机器设计和维护人员精英,和逐渐扩大的无技术群体。

(3) 整个产业将消失。

(4) 工作越来越没有人性。

显然,我们不能任凭无意识的经济力量和短期的政治决策降低工作满意度、提高失业率。我们可以明确地道出以下原则。如果我们想要在21世纪拥有一个稳定的世界社会，就必须找出某种体系，能让所有正常人都可以找到需要有特殊技巧、又能让人对最终结果有成就感与责任感的谋生工作。

至于应该如何实现，在戴森(W A. Dyson)《朝着工作和收入的新方向迈进》[8]一文中就把第一条线索写得很清楚。他指出，有两个领域的工作应该优先于跟经济学家有关的三个领域，而且因为金钱没有转手，所以经济学家从未考虑到这些领域。他称之为：

(1) 第四级边缘混合(现金及非现金)劳动领域。包括勉强维持生计的猎人和渔民，现金收入低于最低现金标准的非经济农民(在加拿大这两种工作也许比英国更常见)，和收现金打零工的人，如杂务工、打杂女佣和保姆。

(2) 第五级非现金、家庭(家务)领域。包括所有专职在家工作——照料子女、从事家庭照护工作的人。他们的工作也许就是最不可或缺的。

他声明：

> 随着我们的经济生活(家务)与自我、家庭与集体越来越不相关，使得我们在经济上越来越依赖、也越来越脆弱。

而通往"经济健康"的道路有：

(1) 重新赋予工作个性，增加人际"经济"关系。

(2) 鼓励个人和团体对生产物品的信心，以及对个人所提供的服务表现的信心，不论是在家庭或是在中间社群里，强化这样的生活模式。

(3) 恢复家庭和中间社群原本被取消的大量工作。

> 对那些越来越强调家庭或社区的活动，要给予支持与合法地位。(如，家居园艺、中等技术、"DIY"、社区日间照护、自主玩乐、学习与工作，保护资源、社区内和社区间的通讯设备等。)

7.2 如何让人人有工作？

至少有三个常见的经济学观点归纳出这样的结论：根本就不可能为所有人提供有趣、有意义且报酬合理的工作。条列如下。

(1) 国际竞争争议。这个论点认为，除非我们大量投资，以精密机器替代生产行业的员工，否则高度工业化国家的竞争者将在品质和价格上超越我们，把我们赶出出口市场，那么我国的产品将无法卖到海外，也买不起进口产品。

(2) 你付不起适当的工资给手艺工匠，因为机器生产的成本低很多。像是阿斯顿大学技术政策单位(Technology Policy Unit)的柏朗(Ernest Braun)在某篇文章中就提过这一点[9]。他说：我们必须使用微电子设备，原因有二，一是除非我们的生产率提高到国际竞争对手的水准，否则我们只能离开工业国家行列；此外，除非我们接受微电子，否则代价就是不得不失去多种的商品，因为有些根本无法以手工制作(例如电子设备)，而其他则会极其昂贵，因为"可以这么想，手工制品一般而言只有收入远远高过工匠的人才买得起"。但这个论点却完全没有考虑到一项事实，也就是就某些产品而言，手工制品要比大量制造的劣质品耐用至少10倍以上的时间，还更能让人感到满足，另外，所耗费的原物料，特别是能源也相对较少。这种手工制品的价格无疑会比大量机器制造的要高，因为花费的劳动力可能高达10倍，但绝对不必花到10倍的价格，因为机器的资本投入少多了。再说所用材料虽然品质极好、但也不必贵到10倍，因为工匠能利用边角料，而大量机器制造却需要一模一样的崭新材料，会造成很大的浪费。

(3)“兄弟，我没事，把梯子往上拉”。这句话归纳了第三类问题。关于划分的所有争议、保留生产滞销产品工作的尝试，或慢慢做事骗加班，都属于这一类，其目的是保留工业里再也无法取得的职位或防止他人取代。

除非能满足以下两个条件，否则这些障碍显然是难以克服的。而乍看之下，这两个条件似乎根本无法满足。那就是：

(1) 经济决策(不仅本国，还有我们的竞争对手国)必须从长期、全局出发。生产厂商购入一台新机器代替一个工人时，没有考虑到该工人当前的失业成本，因为这是由不同当局给付的。雇主仅仅计算了买机器的经济成本和那位工人的遣散费，并和工资作比较。而全国性的成本，包括失业救助在内，其实要高出许多；因此，站在国家角度思考所作出的决定，必定会与传统雇主不同，这种情况势必会出现。所以，从长远来看，应该站在国家立场来作决定，换言之，需考虑：(i)21世纪的均衡社会是否需要这个产品，(ii)充分考虑过失业成本之后，是用新机器制造比较好，还是让额外的工人操作现有机器制造比较好。我们可以称之为“机器人谬论”。也就是说，如果以传统计算得出省钱的结论，那么用机器人来取代人总是最划算的。就国际竞争而言，如果一个国家与尚未得到这种人道结论的国家竞争，那该国就不得不以省下来的失业救助金来补贴特定生产领域。

(2) 解决这些问题的另一个必要条件在第三章已经提过，也就是只要社会衡量个人一生成就的标准，是赚钱多寡和身份地位的象征有多少，那么自私抢夺日益减少的工作，就还是会不断发生。在上文引用的温尼亚学会(Vanier Institute)报告指出，在第四级与第五级的活动中，金钱其实并不是成功的标准,甚至连动机因素也不算;比如,家庭主妇自然不会以金钱来衡量自己的成就,但从人类生活满足角度分析(包括主妇自己的生活与家庭成员的生活),主妇的工作才是最重要的工作之一。

许多人考虑过相同的问题,也得出了相同的结论。舒马克的佛教经济学[10]就是一例。

东北伦敦技术学院(North-East London Polytechnic)一家航空公司的工会代表委员会(Shop Stewards' Committee)建立了"替代工业技术系统中心"(Centre for Alternative Industrial Technology Systems)[11],该中心一直在探索,涉及高科技(比如航天领域)的工业企业,是否有可能转而从事符合未来、但科技要求也一样高的任务,像是可更新能源或节能;这些技术所需要的员工数更胜核能,但人均资本投入小很多,同时又能节省稀缺资源。许多其他高科技公司的工会团体,也同样在为自家工业思考多元化发展的可能性。

福斯特(David Foster)在《泰晤士报》发表了一封信[12],论及失业尤其是青年人失业所造成的动荡不安。他在信中指出,北海石油如何帮助我国保持国际收支平衡,同时却增加了失业率。他建议 25 岁以下青年服 3 年兵役,1 年在工商业、1 年在农林业,第 3 年则是社会服务业,像是在当地政府和警察机关。他建议由政府为这些国家储备人才(National Cadets)发放生活保障工资,这么一来,他们的薪资成本就不必由负责用人培训的雇主来承担了。他也提议设立职业学院(Vocation College)培训年轻人做他们喜欢的工作。这项提议特别关注的,不只是要确保学生一毕业就能找到有意义且薪资合理的工作,也包括降低失业率、做一些目前并不赚钱的工作,特别是他所说的具备"条理功能"(orderly functions)、也就是"那些在小企业或农场中常受忽视的日常活动"。

很奇怪的是,人在战争的时候,可以欣然接受为确保人人都有工作而必需的大部分改变,但在和平时期却不能。就教授年轻人暴力方面来说,军事性质的国家义务兵役必然无聊甚至令人迟钝,除非有战事,否则很难被接受。但在某些国家,已经把有建设性质的国家义务兵役,诸如筑路种田等,纳入了青年教育之中。很显然的,我们十分需要引入这部分的义务役，加上对“DIY”（制作家具、木工、园艺）等需要动手、而传统教育体系又介绍得不够的技能。

依我看，要提供每个人既有趣又有意义的工作，政府必须补贴21世纪的稳定社会所需的四个领域；这些领域如下：

(1) 真人服务。首要之务就是教育和卫生服务。由于青少年、儿童的人数下降，而使得教师失业、并因此关闭师范学院，这显然是愚蠢的行为，因为教师薪资和失业救济金根本相差无几。该采取的措施显然应该是班级人数减半、并让师资增加一倍。如果教师的雇用单位能得到与失业救济规模相当的补贴，这就不难做到。这一做法也适用于所有的卫生服务部门，特别是护理和医疗辅助服务，同样也适用于照顾老年人和无助者这种真正的社会服务事业。有许多其他服务真的对人类生活很有价值，但却遭到当前这些短期、细分的社会体系削减，像是公车车长、牛奶送货员、员警、家务帮手，甚至是非常有帮助的商店柜台服务人员。

(2) 农业。目前农民受经济形势所迫，不得不选择单一作物，砍掉树篱以开辟出100英亩土地，大量使用化肥、除草剂和杀虫剂，把土壤当矿场看待，而非永久资产。在现有经济体系之下，为节省劳动人力成本不得不这么做。如果农民能得到失业津贴补助，那他就能雇用更多人，重拾古老的轮耕方法、混合农作，以更高效的方法处理杂草，也就是动手锄草。即使农场只有部分地区由单一谷物转为需要更密集手工的家庭菜园，但从为国家提供食物的观点来看，其收益还是相当惊人的。毫无疑问，大多数人宁可参与能从土地生产粮食的农务，也不愿失业在家，在他们不必像传统农人一样长时间工作时尤其如此。显然在每年的特定时节（如播种和收获季节）很需要额外的人手到田间帮忙，而冬天需要的人手就少很多。

(3) 保育工程。在目前的经济体系之下，有许多工业生产任务是无利可图的，但在21世纪的稳定社会中却不可或缺，而且只需动用就业津贴就能转亏为盈。第7.3节中将作全面讨论。

(4) 工匠的重返职场。大众所需要的某些产品，若由工匠手工制作、而非机器生产，其品质、使用寿命都将大幅提升。虽然可能仍旧需要机器生产部分的产品，并以少15%到20%的价格出售，但更理想的显然是补助失业人员，让他们能在当地工作室中用可得的原物料以手工制作。改变手工产品与机器产品的比例，人人都有工作。这些领域包括各种家具、服装、儿童玩具，以及精良现有物品的技术维修与保养。我们能把抛弃型社会变成立足于工艺的保育型社会。

7.3 保育工程

在本节，我打算详细列举满足以下标准、适合 21 世纪均衡社会的工程活动。

(1) 能将不可替代原物料的使用和对环境的破坏降到最低。

(2) 能为最多人提供相对有趣又有意义的工作。

(3) 把每个工作的资本投入降到最低，这样才能推广到全世界、让所有人受惠。

消除污染

工业社会污染的缘由在前几章中已有讨论。只要有一丁点可能，就应利用改良或改变制程本身来消除污染，如改良燃烧状况，或从火花点火引擎转向柴油引擎。做不到时，就应该设法净化排出的废气或废水，让污染物也可以回收和再利用。固体废物也一样。

回收利用

人们早已习惯回收利用铁、铜和铝。确实，经济达到均衡时，金属矿砂的使用量将大大减少，几乎所有金属都会回收。然而，在未开发国家人口生活水准能充分提高之前，原物料的需求还是很大的。

某些计划已经付诸实行[13]。为此，有必要将生活垃圾分成如下种类：

(1) 纸张

(2) 玻璃

(3) 罐头

(4) 聚乙烯胶膜

(5) 塑胶容器

(6) 纺织品

(7) 铝

最后，每户人家毫无疑问都需要至少4个垃圾箱，分别用来装纸、纺织品和塑胶、金属和玻璃，以及可燃物和有机物。这样就能大大减少垃圾处理厂的分类工作。

可制成堆肥的有机材料，将制成堆肥回归大地，或用于制造甲烷的第一阶段，或是将其中的纤维素材料水解成酒精[14]。

在这样一个社会中，清洁人员将被视为高技能、受尊敬的工匠，因为所有的垃圾都将被视为有价值的原料，必须以熟练可靠的方式处理。

水肥将永远是甲烷、也是可以回归大地的磷、钾的来源。必须设法从污泥中提炼重金属，特别是铅和锌，并从液体中提取可溶的氮，以便重新利用。固体物质在回归大地之前，必须用连续过滤压榨机尽可能脱水。废水处理厂也将变成精密控制的化工厂，成为回收材料的重要来源。

房舍和机器的维修与现代化

戴卫斯(John Davis)[15]在一篇文章中，介绍了欧洲共同体位于日内瓦的巴特尔研究中心(Battelle Research Centre)所进行的关于人力代替能源潜力的试运转研究。文中指出，如果一辆汽车的使用寿命增加一倍，从10年增加到20年，那么生产过程中所使用的能源、材料及劳动力几乎都可以减半，但服务站、修理厂和维修工作室所需的额外人手，都将大大超过生产领域减少的工作人员。每个技师都知道，修理和维护比大量制造的工作有趣得多，因为每一辆车都需要个别诊断和修理。消费者所用的其他机器也是如此，比如洗衣机、洗碗机、真空吸尘器、冰箱和冷冻库。我们可以肯定的是，除非这些机器使用寿命够长，否则没有一种能普及全世界。

这也意味着，消除内在陈旧性，不仅能节省原物料与能源，还能提升就业率和工作对人类的利益。新零件和修理手册应该随手可得。这也适用于房舍。新建房舍所需的原物料——钢、水泥砖、玻璃——和能源，远远超过现有房屋的改善与现代化所需的消耗量，而在房屋现代化的过程中，可以提供相当多更有趣的工作职缺[16]。改善现有房屋的通风与防风措施，可以省下大量的暖气能源，这点非常重要。

燃料经济性

这个问题在第四章中已经详细讨论过了。能源经济性可以在各方面提供有趣又有意义的工作，同时因为减少使用一种不可更新的矿物：化石燃料，而显得弥足珍贵。燃料经济性有许多实例，也是高科技结合在长远重要性工作的优良例证。在这一领域，我们已经有了遥控采煤、太阳能以及风力方面的发展。下议院科学技术特别委员会（The House of Commons Select Committee on Science and Technology）[17]认为，到 2000 年，英国每年可以获得 1,500 万吨煤当量的太阳能，这比当下的核能产量还要高。太阳能光电技术（photovoltaic technology）十分精密，而根据计算，在这个领域中每个单位能量所需的工作数量大约是核能的 6.6 倍，而资金成本还不到核能的一半[18]。

利用农业纤维（如麦秆）和生活垃圾中的纤维来生产酒精的相关化工技术，是另一个高科技研究造福人类的领域。以农业垃圾而言，如果可以开发出能把麦秆运输距离缩到最短的技术，像是在每个农场建造资金成本相对来说较低的工厂，就将有很大助益。

风力发电与储存，则是另一个已经进行了许多高科技研究的领域，也十分适合航天产业。据估计,风力发电的劳力资本比是核电的2.5倍。如果能发展出规模约10到100千瓦、可为村镇供电的小型电厂,就再好不过了,因为只要是全球各地平均风速够高的地方,都能马上安装。

将现有的化石燃料火力发电厂改装成排出蒸汽回收(passout steam cycle),配备流体化床(fluidized bed)和优良的废气净化技术、转而烧煤,也是已开发国家能得到较高劳动力资本比和有趣工作的领域。

最后一个将燃料经济性结合更多更有趣工作的例子就是运输。第五章中已经讨论过许多想法,像是开发可靠又便利的大众交通设施,混合动力及燃料电池汽车,和高效燃煤蒸汽火车头。村镇的载客邮车(post bus)就是很好的例子。

新材料

出于军事和航天的目的,已有许多研究投入新材料的开发。这些研究也清楚显示,如果我们特意展开21世纪平衡社会所需的改良型材料的开发,就能得到惊人的成果。当中最弥足珍贵的,就是改良抗腐蚀、抗疲乏的技术,并把耐用物品做得更耐用,也就是能使用50年左右,所需要的更换和维修却相对较少。在19世纪,厨房用具能用一辈子。

安全工程

该领域至关重要。遣散费省下的津贴,以及出售寿命提升数倍、价格较高商品的所得利润,将用于提供比计划性报废更高的安全标准。安全工程可以应用在各种只要更谨慎设计就能避免发生事故的场所,包括在家里、在路上、工厂、在矿坑中或是在农场里。

《新科学家》[19]引用了一个例子,是道路运输车应用电磁减速刹车系统(electromagnetic retarder braking system)。这个系统安装在传动轴上,当电池的电流通过定子(stator)时,能加强刹车、减少过热现象。自50年代中期开始,这个系统就已经强制安装在法国多山地区的长程巴士上了。

医学工程

这个主题将在下一章讨论。在人人都能选择工作的均衡社会,我们当前经济上乱七八糟的先后次序,一定会在这一领域出现重大变革。人工肾(血液透析器)就是一例;库利(Mike Cooley)[20]提到,英国每年有3,000人因为无法使用人工肾而死亡。他认为这个领域应该马上得到补助,资金来自雇用额外人手省下的失业救济。在玛丽女王学院机械工程系,我们对残疾儿童载具的研究工作已经显示出有巨大的需求,但目前能满足这一需求的方法,只能靠慈善事业提供必要资金,或是义工。

第8章
医学工程

利用工程技术，协助医学界发展新器械，让行动不便的人和残疾人士都有机会享受和一般人相同的便利、正常生活。

8.1 医师和工程师

许多人敬重医师,视他们为致力于改善人类生活的人,而相对地鄙视工程师,因为他们的工作可能会有令人不便或不适的副作用,甚至是因研发武器而影响大众生活,因而认定他们会导致人类生活变差。这种想法倒也不见得不合情理。许多人,如艾利奇(Ivan Illich)[①],曾深入研究过这个问题。他们指出,其实医疗专业就和工程师一样,对现代城市人的诸多疾病与精神抑郁都有责任。这是因为医生注重的是治疗医学,特别是使用各式各样的新药物和抗生素,而不是将大部分技能用于预防医学。工程师必须为多种潜伏性毒素负责,像是铅、一氧化碳、硫酸、空气中的放射线,还有食物中的DDT,但大声疾呼大众注意这些毒素,反对任意处理天然食物、提取有益成分做成药物单独贩卖,以及添加各种防腐剂,却都是医生的职责。工程师发明的汽车剥夺了我们的步行运动,而医生却仅是治疗我们年纪大时所患的关节炎,或者在我们运动不足时开药丸治疗失眠。显然,唯有医生和工程师共同负起责任,大众的身心才可能有机会充分发展。但事实上,可惜,一直到相当晚近,医院里的医师和工程师,或外科医师和工程师之间,在本质上仍是主仆关系,也就是说医生仍是团队的领导者,而工程师只是听命收拾善后,或构建医疗人员的想法。无论是预防医学和健康生活，或是工程在药物和手术修补受损身体等方面的应用，成功的唯一方式毋庸置疑。工程师若想要作出切实贡献，就必须和医疗人员平等合作。目前的趋势也已经逐渐往这方面发展。比如在1976年，伦敦罗汉普顿大学(Roehampton)的生物医学研发单位，就是由一位工程师取代医师，担任负责人。该组织的工作是针对义肢的制作与伤腿的矫正。

许多工程师因受到良知的强力驱策而从事这个行业，而结果当然也有很多优秀成就。然而纵观全局，还是传统的纯医学计划，特别是新药的开发比较能得到支持。而就工程而言，高科技和军事研发还是有比较多挹注。瑞典皇家外交部一份名为"选择未来"(To choose a future)的文件指出，他们在福利计划方面确实有所"偏差"，因为就特定问题而言，目前进行的研发配合得很好，但其他方面的庞大研究需求却总是被忽略。

强烈建议这个领域的工程师读一读艾利奇的《医疗刽子手》(*Medical Nemesis*)一书，以正确了解他的目标。艾利奇写道(第169页)：

> 健康的人，是那些饮食健康、生活在健康家庭的人；健康人的生活环境适合生育、成长、工作、养病和养老；健康人有文化的灌溉，明白接受人类的极限，像是变老、无法完全恢复健康和随时可能死去。健康的人婚配、生育、分享人生、死亡，无需政府干预。

在这一章，我首先要考虑的是工程师为更健康的生活方式和预防医学所作的贡献，接着要探讨一些医学工程的例子，看看因疾病或遗传而残疾的人，如何因为工程师的贡献与成就而拥有更自然的生活方式。

8.2 工程师对健康生活的贡献

在已开发国家中，工程师对大众生活的各方面都已有重大贡献，主要是在公共与个人卫生设施方面。某些设施所耗费的原物料、淡水或能源过多，所以在 21 世纪不可能以相同做法为 80 亿人提供类似的水准。此外，第 7 章中讨论到用回收资源做植物肥料的观点尚未付诸实行，所以在保持现有的高度生物控制，同时减少过度消耗方面，工程师还有许多工作要做。而且，从问题的另一边来看，世界上还有许多地方的人生活在卫生条件恶劣的环境下，急需我们提供适当的疾病控制方法，所需的原物料越简单易越好，而且不能有危险的副作用。

至于空气、土地、水体的化学污染，以及廉价工程对人类造成的噪音和事故影响，工程师必须负起全责，把有害影响降到最低，让最敏感的人一辈子也察觉不出，或者让新生儿受到的影响控制在可测得的最低标准。

缺乏运动是严重影响我们大多数人的问题，虽然这是因为工程师开发了汽车，但也只有让公众强烈意识到人类身体没有物尽其用所导致的负面效应，才能解决这个问题。不过，工程师若可以改良自行车，并开发双座位、轻量化，又能遮风避雨的三轮车，倒可能是让大众恢复日常运动的一个办法。

此外，工程师对预防医学方面可能的主要贡献，就是多加思考安全设备方面的问题，防止意外发生。美国有个思想学派，把汽车看作是乘客盔甲的延伸，保护他们在无可避免的车祸中受伤。纳德(Ralph Nader)曾强烈谴责此一观点，他强调，汽车的设计应该是尽可能避免事故发生，这才是工程师的首要责任。然而，只有一小部分的汽车事故可以怪罪车辆设计；有更多事故，是因为汽车的设计和卖点总是强调加速快、好超车，还有极速高。只要有一大群个人驾驶争夺有限的道路空间，同时有人为错误与误判、变化多端的路面状况，还有起雾等天气情况，那么就一定会发生事故。因此，工程师已经开发出安全带以及汽车被追撞时可以防止"头部撞击"(head flip)的头枕(澳洲有许多人因此类事故造成脊椎和颈部受伤，结果全身瘫痪)。也已经开发出更先进的工程设计，诸如仪表板和方向盘上的泡沫橡胶设备，以及车祸时会在驾驶和乘客面前迅速充气、避免他们撞上汽车坚硬部分的安全气囊。现在甚至在汽车上安装一种装置，要等所有安全带都系好了，车才能开动，但我觉得这未免也太矫枉过正了。

摩托车骑士发生事故的风险很高，一来是两轮高速车辆的骑士相对来说很脆弱，二来则是骑乘这类交通工具的骑士常保持的心态。高速摩托车的必要性值得怀疑，但有种叫轻型机踏车的低速摩托车，倒是一种很经济的交通工具，其速度够快(如时速可达 25 英里)，适合往返对于自行车来说可能太远的较长通勤距离。

在工厂里发生过各式各样的事故之后，工程师已经开始考虑各种安全装置。遥控采矿一旦开发完备，就再也不需要人员亲自进入矿坑、采石场、海底或工厂等危险区域工作。

在居家环境部分，工程师可能还未充分思考如何保证所有设备的安全性，特别是那些跟电力、煤气或沸腾液体有关的设备。这些领域的市场竞争激烈是主要原因，但也常因为负责设计的工程师并未充分考虑主妇的需求，或为了维持市场而故意把使用年限设计得较短。

8.3 工程与手术

关节置换和其他植入手术

有许多杰出的工程研发成就，为外科医生提供了身体磨损和遭破坏部位的替代品，特别是人工髋关节，以及最近主要针对长期行动不便的关节炎病人而研发的膝关节。斯旺森(S. A. V Swanson)和弗里曼(M. A. R. Freeman)最近出版了一本书[②]，介绍了骨科医生和工程师的通力合作。主要是关于利用钴铬合金与特殊塑胶植入物，来替换球窝髋关节。要将植入物固定在骨头上有诸多困难，但都已经有人在深入研究，也得到了一些成果。膝关节的骨结构与运动几何要比髋关节复杂得多，但也已经成功研发了一些替代品，宋斯特嘉德(D. A. Sonstegard)、马修斯(Larry S. Matthews)和费尔(Herbert Kaufer)[③]曾加以介绍。在跑、走、跪、爬楼梯等正常活动中，人类膝盖的负重可以超过体重的5倍；比赛和运动时负重可能更多。1966年美国执行了8,000例的全髋关节置换手术和30,000例的膝关节置换手术，而如果能有更完善的人工膝关节可用，外科医生就能施行更多膝关节手术。对病患而言，如果髋关节或膝关节成功置换，就能大大减轻痛楚，也方便活动。虽然工程师能以自身技能、依外科医生所托来解决这些问题，但从病人的角度来看,这当然是预防医学,甚至像整骨疗法(osteopathy)、按摩、及早开始改变饮食习惯等非医学认可的治疗方式能够改善生活的明证之一。

医生切除了病人的腿——从踝关节到髋关节任何地方——或手臂后,需要工程师合作,提供机械义肢。在这方面,工程师对原始的木腿和钩子前臂也同样有了绝大的改进。以截腿而言,残肢对义肢承受的身体重量极为敏感,就是一大问题。术后使用气压式支架(pneumatic support)以立即恢复行动能力、在脚底安装连接音响信号的重量感测装置,以帮助截肢者重新习得走路技巧、利用高压塑胶环与塑胶袋把残肢封存在无菌气体环境中,这三种想法,在伦敦罗汉普顿大学生物医学研发单位 1977 年的报告中都曾经加以讨论。工程师为膝上截肢者设计了无动力人工腿,贡献良多。以电池或二氧化碳驱动,利用其他肌肉控制的人工手,也已经有很多研究成果。

利用生物活性材料植入物来替换人类骨头和牙齿方面的研究,也已有人投入[④]。可与正常骨头紧密结合的陶瓷材料已研制成功,往后或许可以植入带有人工牙根的假牙。

工程师和医生在人类心脏方面已经合作多年。最简单的例子就是用球形阀(ball and socket valve)来替代三尖瓣膜,用一个像乒乓球那样的球来当做瓣膜。许多病人体内装有心率调整器,以电流刺激来调整病人紊乱的心跳。最早的心率调整器使用电池,当电力不足时必须动手术更换。目前开发出另一种调整器,可以透过胸壁以电磁感应充电,不需要动手术。英国原子能局(UKAEA)开发出以同位素驱动的心率调整器[⑤],热电耦堆中的鈽-238(半衰期为 10 年)会放热发电,所以这种机器寿命应该可以超过 10 年。据说,只要有可靠的封装技术,无论对患者还是大众,这种会放射 β 射线的同位素都极其安全。鈽的封装在任何情况下都必须保持完好无损,即使火化也不例外。

有许多人投入人造肾脏的开发,尤其是化学工程师,更是贡献良多。人的肾脏是非常成熟的器官,利用表面积庞大的许多微小细管,以渗透方式移除血液中的各种毒素。目前的人工肾,体积是人类肾脏的 100 倍左右,洗肾病人每周都必须利用细管穿过皮肤,让血液经过人工肾循环。不论是肾脏还是心脏,工程师最终都有可能开发出一种完全合成的、能植入体内的替代品。然而,心脏移植手术方面出现的排斥问题,令此类研究对人类的最终价值难以确定。

外科医生的设备

工程师在改进手术器材方面贡献良多[6]。眼科手术中,连续波氩离子激光已经用于治疗视网膜脱落与其他多种疾病等眼部手术。激光也已经用于治疗皮肤损害(skin lesion)和热带溃疡(tropical ulcer),使用低功率密度激光,主要能刺激健康组织生长。激光也用于治疗皮肤癌,高功率密度激光则用于手术切口和烧灼。毫无疑问,激光为外科手术提供了有用的新工具。

我们曾与牛津的一位外科医生共同开发一种缝合器,按下手枪状仪器的扳机,就会把针头推过组织,并自动转移到下一个针脚,然后可以拉动手枪带动线。这种缝合器可以加以延伸,发展出外科医生用的手动缝合器,用来缝合伤口和完成密合回圈,如利用热把线头熔在一起。我们也为另一位外科医生构建了一个用脚控制的仪器,医生可以不必动手就能操作原本需要手执的镊子与剪刀。这个脚控装置有穿过脚踝的实体承座(virtual bearing),因此在操作时腿部无需移动。该控制装置利用照相机快门使用的那种鲍登缆线(Bowden cable)来控制。利用一边有个半圆形洞孔的特制桌子,让外科医生可以坐下,把前臂搁在桌上,透过低功率的双目显微镜以手腕操作工具。

遥控手术

毫无疑问的,一旦遥控技术发展完善,手术时将只需要病人在手术室内,外科医生则在手术室外,在视觉与触觉反馈都很完善的状况下(图8.1),以控制面板控制多对不锈钢手进行手术。这样的系统一旦开发完成,会有诸多优点。

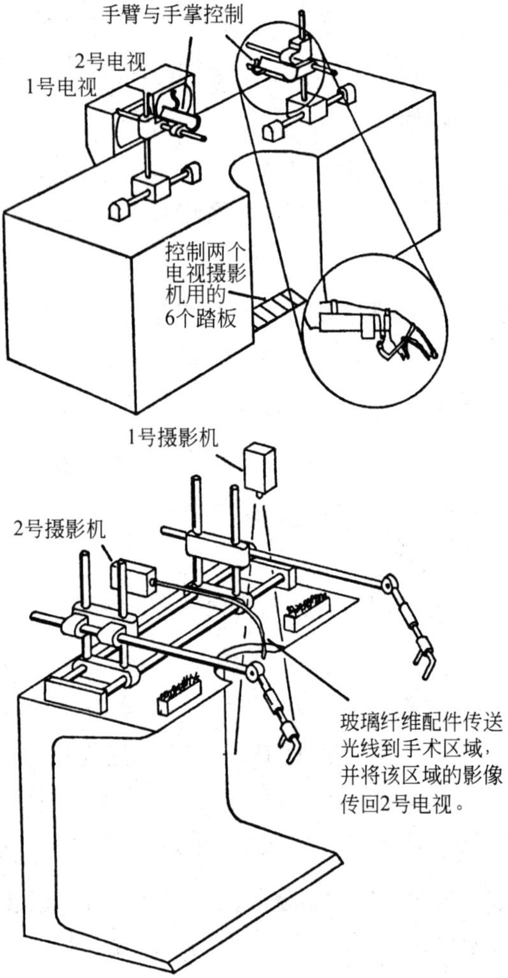

图 8.1　遥控手术图解

(1) 更容易确保手术室和手术仪器完全无菌。

(2) 一个外科医生能接连操作数双机械手。把一双推到定位，夹住需要的东西，然后再用另一双操作仪器。通过一双双机械手，医生的操作技巧能得到完全应用。

(3) 这个系统可以应用到放大倍数达 10 倍的显微手术，外科医生使用微型手进行手术，这样就像自己在放大 10 倍的患者身上动手术一样。还可能利用光纤显影技术(fibre optic visualization)，绕到手术对象的背面观察。不管有多少人，都能透过自己的荧幕观看医生看到的一切，而助手也能操作其他遥控机械手。

(4) 机械手可以利用细长的不锈钢制作,占的空间比医生自己的双手更小、但力量更大。

同样地,只要当地具备必要的技术支援、能够用这种方法动手术,医生就不必亲自到偏远地点。这种技术在远离大医院的地方特别有价值,比如伐木营地和钻油平台。

8.4 义肢学

希腊单词 sceptre 不仅指国王的权杖，也指跛子的拐杖。因此 sceptrology 这一词的创造，指的是拐杖的科学与技术，用的则是“拐杖”这个词最广泛的意思，指四肢无法胜任日常生活所需者的任何体外辅助用品。

电池驱动的可爬楼梯轮椅

我打算以这个问题起头，因为我做原型机已经超过 10 年了。楼梯巧妙地运用了人类的步行方式，让人可以爬上斜坡而不会往下滑。有了水平的踏板后，就不必以摩擦力来克服重力，而只需提供在水平面行走时向前运动的力。早先对双脚轮流持续行进系统的研究显示，这需要十分精密的控制系统，因为需要根据台阶的高低来调整向前与向上的运动。

在尝试过许多不同的轮式系统后，我得出了一个结论：如图版六这样无轮缘车轮(rimless wheel)，能像人类的足部一样，完全由水平面提供抬升的力量。有了前后轮驱动，该系统就能攀爬普通建筑物楼梯的最大斜率，也就是 37 度。无轮缘车轮在平地上移动时，是弹跳地前进，研究发现只要增加轮辐数目就可以大大降低这种状况，但无法完全摆脱。轮辐越多，弹跳幅度越小，但成本

图版六 无轮缘车轮

更高、重量也更重。最理想的轮辐数目是折衷的结果，我们选择 12 条。也可以选择装 8 个弹力轮辐，每个都呈三叉戟状，实际效果与 24 条轮辐相同。我们还尝试过另一种想法，是后轮装软胎，然后沿后轮装硬质轮辐，当车胎被台阶边缘挤压变形时，轮辐就能与台阶接触。实验显示，即使如此也有必要为轮辐装弹簧，只要弹性轮辐够坚硬、可以克服攀爬楼梯时的切向力，弹簧就无需承载所有重量。

图版七 可爬楼梯轮椅

图版七，是依照这些原理设计的爬楼梯轮椅在爬楼梯的模样。不过这个模型在载具倾斜爬上爬下楼梯时，其操控和乘客平衡方面还未臻完善。攀爬弧形楼梯时，四轮载具无法适应楼梯的旋转，那么该系统或者需要在梯级上大幅弹跳，不然就要换成三轮系统。

图版八是设计的三轮系统底盘。前轮驱动速度必须是两个后轮速度的算术平均数，且前轮轮辐有了滚轮之

后，就能靠着让一个后轮前进、另一个后退，来操控该机器绕着后车轴的中点旋转。每个轮子都需要装一个两速机械齿轮传动装置，因为爬楼时低转速需要很大的扭力，而电子调速控制器达不到要求。

图版八 三轮爬楼梯装置的底盘

要保证人的座位呈水平状态，小车上下楼梯时，座位必须能向上移动让人的重心靠近上方的轮子，以保证平稳、防止坠楼。要做到这一点，比如说可以把座椅的枢轴安装得低一些。由于涉及提升运动，需要为此提供动力。

我们非常希望能完成它，因为腿部残疾的人需要像正常人一样去买东西、到处走走，所以对这种小车的需求必定很大。也许有必要发展出一种系统，让在室外工作或是爬楼梯时可以展开，在房内移动时可以收起，尽量缩小体积。假使能像发展战争武器或核能相关项目那样，优先得到资金和资源，那么这个问题一定能在一年内完全解决，而且保证非常安全可靠。

改善跛足者在相对较平地面上的行动能力

在我的设计与发明实验室，过去10年来由布诗(Eric Booth)先生所领导的医学工程计划小组，已经为腿部残疾的儿童和成人开发了一系列的行动辅助设备。早先由谢波德(Shepherd)设计的系统，是利用两个电

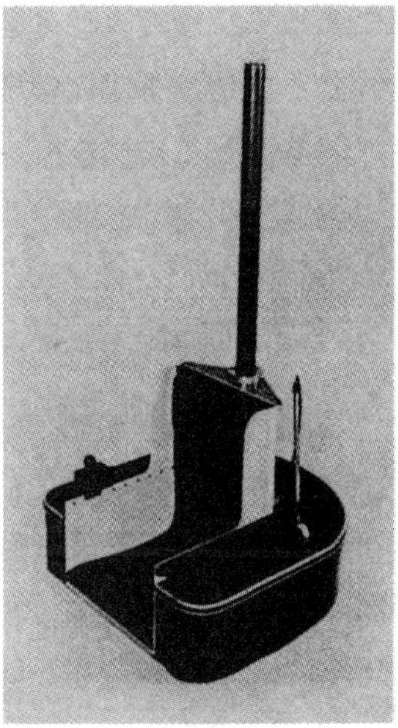

图版九 沙利窦迈(thalidomide)畸形儿的童车

池独立的电动马达驱动车轮,前后安装的脚轮尺寸也比较大,形成菱形结构。只要让一个马达往后、一个马达往前,就能以中点为轴旋转,让两个马达以各种速度往前或往后,该设备就能往任何方向前进或后退。这种载具也配备有升降装置,能把因沙利窦迈导致畸形的儿童抬高到正常高度(图版九)。

这个系统虽然非常袖珍,移动性与稳定性也非常高,但却有一个缺点,也就是前方的脚轮若碰上了厚地毯,或是从平地移到平缓的斜坡时,两个驱动轮就会翘离地面,因为驱动轮所在的平面是由脚轮来定义的。布诗先生想出的解决方案令人满意,可以克服这个问题,他用水平轴承把前轮和中间两个驱动轮安置在与主车架(装着后轮)相连的转向架上。只要有停止器(stop)限制转向架、避免向前或向后意外坠落,恰当地安排所有承重点和轴承的位置,就能让中间的驱动轮总是负载主要重量。这

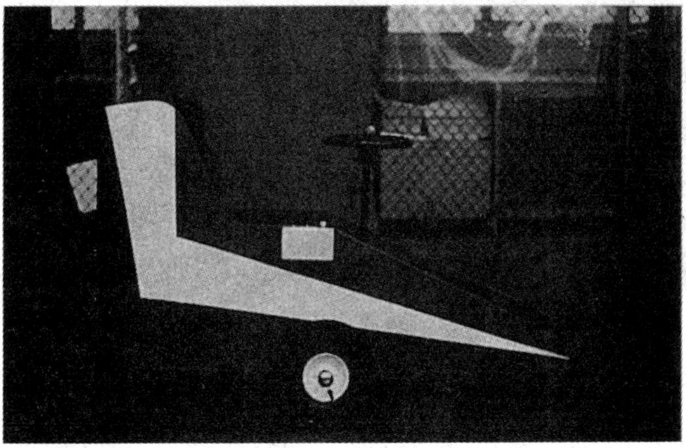

图版十 脊柱裂儿童的学步车

个原理也应用在手动轮椅上，使之能爬上一定高度的路缘，由于它结合了一对可反转式中心驱动轮(reversible central driving wheel)的稳定性、机动性和三轮系统的适应能力，这样驱动轮就能攀爬上路缘和其他种类的载具。

图版十一 成人动力轮椅

图版十是一台供脊柱裂儿童在户外游戏场使用的电动学步车。图版十一是成人动力轮椅，图版十二是成人手动轮椅，应用的都是这个原理。相关的研究还有人体工学轮椅。传统的靠两边支撑的可折叠式帆布软座并不舒服，因为它会向中间下陷。理想的座椅应该要有两个圆形帆布表面支撑住坐骨结节(ischial tuberosity)。

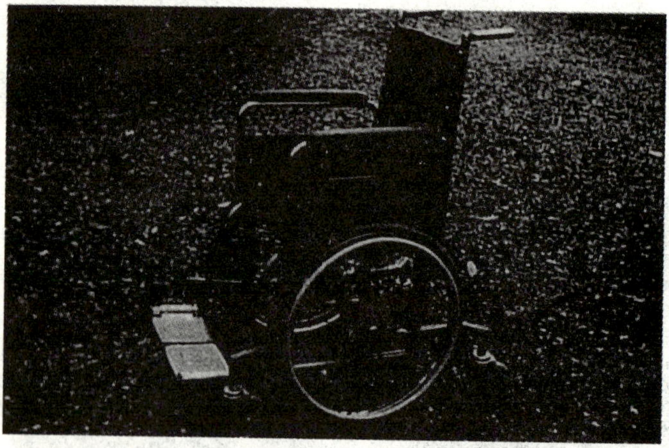
图版十二 成人手动轮椅

自己开车的轮椅使用者

图 8.2 是为可折叠轮椅使用者设计的一个装置。有了它，有足够臂力的使用者就能自己从轮椅上车、折叠好轮椅，将之放置在车顶上，这么一来，轮椅使用者无需帮助也能行动自如。

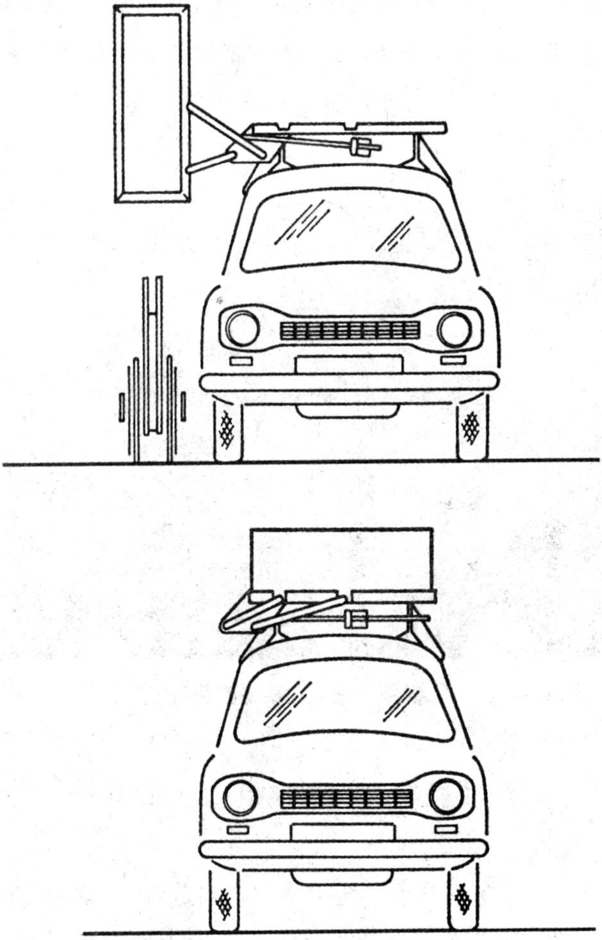

图 8.2 将轮椅放置在车顶的装置

用于爬楼梯的机械辅助设备

图版十三是按照胸腔外科医生的建议所开发的装置，借以帮助因心肺有问题而不能爬楼梯的人。比起电梯，这种装置更容易安装、也便宜许多，它有一个动力杆(powered bar)，杆上有微动开关(microswitch)，如此就能把人送上楼，而乘客简直就像是在平地上行走。微动开关控制运动的起止，不过末端有安全按钮，可以防止超载。出于安全考量，微动开关设于低压回路上，透过继电器控制主马达开关。这个装置在下楼的时候也很有价值，因为能避免使用者向前跌落，让人很有安全感。

图版十三　楼梯辅助装置

供关节炎患者使用的外骨骼

关节炎患者在站立或行走时常会觉得痛楚难当；像是在做家务的时候。疼痛源自受损关节所受到的压力，而图版十四则是针对这类症状所开发的一种辅助设备。经过调整后，自行车坐垫能承受使用者大半的体重，并经由外骨骼传到脚掌下的金属鞋底。因此关节承受的重量大为减少，但正常的运动、运用肌肉都还是没有问题。这就相当于一辆健身自行

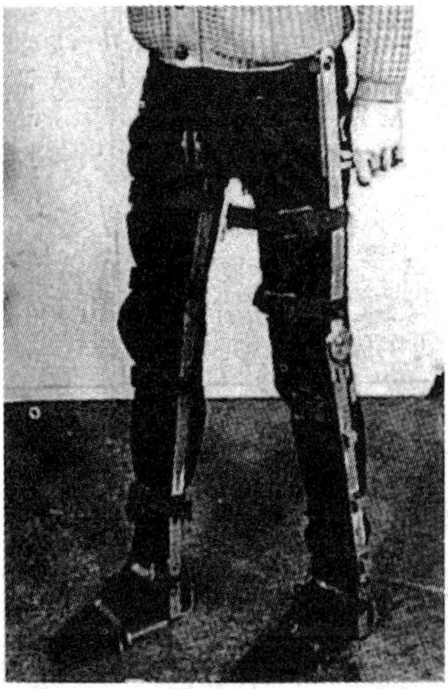

图版十四 外骨骼(Exoskeleton)

车,却能在日常生活中使用。这项装置的接合处特意安排在靠近使用者的关节处,装置的髋关节则是丁字形承座,有两个滚筒在弧形轨道上运作,这样就能做出一个穿过髋关节的实体承座。实际上,如果用玻璃纤维制作,这个装置就不会那么显眼了。图中的设计是无法让腿朝两侧运动的(两腿叉开站立),但只要再有一个承座就能办到。

动力人工腿与手臂

美国已经开发出了人造动力手臂,除了指尖只有一种动作之外,能做出人类手臂所有的动作(兰乔机械臂 the Rancho Arm⑦)。这个装置可以利用电压撷取器(voltage pick-ups),由病人眼睛的运动来加以控制。

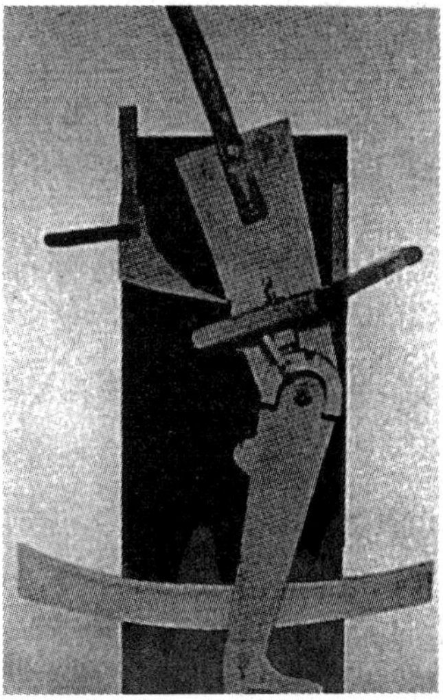

图版十五 动力外骨骼

伏科布拉多维克(M. Vukobratovic)⑧曾描述过,南斯拉夫贝尔格莱德的米哈依罗普平研究所(Institute M. Pupin)为下半身瘫痪的患者开发了一种活动外骨骼(active exoskeleton)。这个装置由电脑控制,病人固定在上面之后,就能让瘫痪的肢体获得运动。图版十五是一套步行系统,能弯曲膝盖提起脚掌。

供失明人士使用的装置

为了让失明人士在城镇路面上也能来去自如,已经进行了许多研究。其中包括会发出可闻频率信号以指示目标物体距离的楞杖,以及有类似功能的特殊眼镜。人类的眼睛能接收数量惊人的资讯,就算是只能发出其中一小部分资讯的装置,研发成功的可能性也不高。但已有研究尝试在人脑中植入人工装置来产生二维图像,以及利用小块皮肤接收二维资讯的装置。盲用阅读装置已经开发出来,可以扫描书刊,字母的形状经扫描器转换成手指可感知的放大形状。这类装置价格自然不菲,但工程师的体贴可以在这个领域造福那些有着不可治愈缺陷的人。

在处于较低阶段的技术方面,独居的失明人士在倒茶时,不弄湿手指就不知道杯子满了没有。我们开发了一个可以挂在杯壁上的小装置,在电线浸到水时会响铃。还有一个更简单的方法,就是在热茶中放个干净的乒乓球,就可以用手摸球来判断。

供独居残障人士使用的装置

"电动升降椅有限公司"(Motor Riser Chairs Ltd)的萨默塞特(David Somerset)开发了一种椅子,让腿部缺陷者在坐下与站起时关节受力可以减少75%。他同时也描述了一种动力驱动的座椅升降机(seat lifter),可以和普通的抽水马桶座配合使用,让残障人士从此可以自己使用马桶⑨。

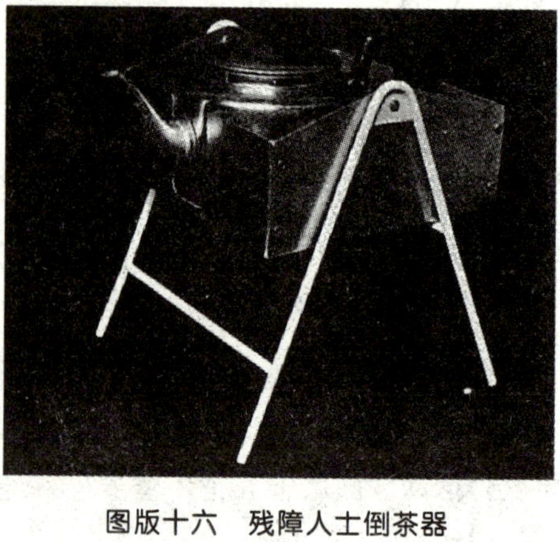

图版十六 残障人士倒茶器

独居残疾人士遇到的其他问题,还包括泡茶、倒茶时拿不动茶壶或水壶。图版十六所示的装置就能解决这些问题。

我们研究过协助使用者自己进出浴缸的装置。图版十七中的这个装置是手动的，以浴缸里的水作为液压液，这样人就能慢慢把自己抬起来，直到跟浴缸边缘一样高。还有另外一种则是以低电压电池运转。

手劲小的人开罐头有时会有问题，也已经有人制造了用电池的开罐器，但更好的解决方法是改进杠杆式装置，让手劲小的人也可以慢慢开罐头。

图版十七　进出浴缸辅助设备

翻页装置

有许多设备是专门为了协助无法使用手臂的人在阅读时翻书而设计的。同样地，在这方面人类手指分开书页、翻开一页，或是寻找自己进度的这些技巧，很难以机械模仿。然而，对于颈部以下瘫痪、只能用吹、吸气装置或眼球运动来控制的四肢瘫痪者，这些装置还是有实际价值。他们需要有人帮忙把书装设好，但如果能自己翻书，也将是一大福音。

紧急呼叫装置

另一个引起许多人思考的重要问题，是独居老人碰上心脏病突发或其他重症时该怎么办。如果无法呼叫他们的邻居或亲人，就很可能要过了好几个星期才会发现他们已经过世。有人提出一种紧急呼叫系统，只要触碰墙壁几英寸以上任何地方就能启动，但在病人完全失去知觉时这种系统也束手无策。还有另外一种系统，若是 24 小时内没有人拉过洗手间的链子，警报就会响起。最近日本研制的系统[10]则是利用街区公寓的共有电视天线系统，在警示按钮按下的时候传送任何一处公寓发出的警报信号。这样一来，就不用另外铺设专门的报警线路，而且只要给每个报警开关设置不同的电阻，就可能让指示器显示是哪处公寓发生了紧急状况。

另一种装置[11]则是与腕表相连。如果携带者需要帮助，只需伸长迷你天线、按下按钮，就能启动 100 米范围内接收器上的警报器。

8.5 听说看的辅助器具

8.4节中已经讨论过造福失明者的装置，不过也有很多人研究聋哑人士需要的辅助装置。电子放大器型式的助听器已经发展得很成熟，也有许多人使用；在某些状况下声音是通过骨结构传输，而非透过耳朵。然而有些人是重度失聪，此类装置也就无法产生声音信号。也有许多人研究重度失聪者需要的装置。华盛顿大学应用物理实验室[12]有一组团队正在研制一种围在腹部的腰带，上有288个极小的电极，能把脉冲传送到皮肤。声波经电脑处理转换成脉冲，希望失聪者能学会把信号解读成语音。

其他研究工作[12]则把语音转换成频率分析并制成频谱，而擦音“s”的频率大约为6,000赫兹。还有一种更精密的设备，用电脑分析声波波形以获得声道(vocal tract)的形状，这样失聪者就知道他们发音准不准。现正进行试验的“帕兰打字机”速记键盘，只要用三个手指就可以即时打出整个音节，而打字者能跟得上语速每分钟200词的人。在众议院曾为完全失聪的众议员安装过这个机器，在记者席会有一位熟练的操作员，机器输出的结果会传送到荧幕上供众议员看。这种系统显然只有重要人物能使用，因为需要一位全职操作者。

剑桥的邱吉尔(Toby Churchill)在读电子工程时罹

患了一种罕见疾病，从此他不能说话，双腿不能动，只有一只手能用。他开发了一种叫做“轻松打”(Lightwriter)的仪器。这是一个配备标准键盘的打字机，而讯息则在单行液晶显示器上以跑马灯型式显示，这样就可以边谈话边看回复了。他也改装了一辆车，让只能用单手开车的他开起来更安全，他还改装了手动式轮椅，可以单手同时控制两个轮子，或能在转向时分别控制。

8.6 医院设备

诊断

应用物理学家赋予医生强大的工具，无需开刀就能诊断体内组织生长情况。郝殷斯费(G. N. Hounsfield)于1967年发明了X光断层摄影术[13]。从1972年开始商业引进以后，已经有1,000套此类系统安装在各家医院中。这个系统利用极细的X光束通过人体需要检查的平面，而由探测器在另一侧观察。光束穿透过整个平面、然后再穿透一次，就能得出一系列吸收读数(absorption readings)，输入电脑后，能制作出每个小区域吸收率的精确断层平面图像。比如说，这个系统能显示出肿瘤，清晰度较传统的、将立体结构用平面表示的X光影像提高很多。

另一种作全身扫描的方法是用超音波[14]。以超音波而言，利用单一感测器来发送信号、也测量反射的波。波会经人体内的介面反射，因此有必要用高增益(60分贝)的接收器来接收弱介面的反射。信号的反射会转换成介面在荧幕上对应的点，因此扫描了一些地方之后，就能建立介面的平面模式。这个方法安全无痛，软组织间的介面也很容易侦测。可以用来记录心脏瓣膜的运动，显示其频率和幅度。

最新研究的装置[15]使用的是核磁共振。待观察的组织置于磁场中，无线电波在质子的不同自旋状态间诱发迁移。利用这种方法应该能产生动态影像，但这要很大型的磁铁让整个人都处于磁场中。这个系统主要是探测水中的氢，但也可以探测脂肪中的氢。这种系统的优点是不像X光会伤害组织，也不像电疗会让体温升高，而且提供的资讯是动态影像，而不是完全静态的画面。迷你电子脉率指示器（miniature electronic pulse rate indicator）[16]已经开发成功，能把收到脉搏的机械压力变化转化成电压脉冲；通过两个脉冲的间隔就可以得出脉率。

利用红外线作全身摄影，能侦测出表面温度过低或过高的部位，同时也证明了这是诊断局部异常的有用仪器。

图版十八是为伦敦医院（The London Hospital）的一位医生制作的仪器，用以测试以不同频率振动坐在椅子上的病人，是否有助疏通受阻的呼吸道。

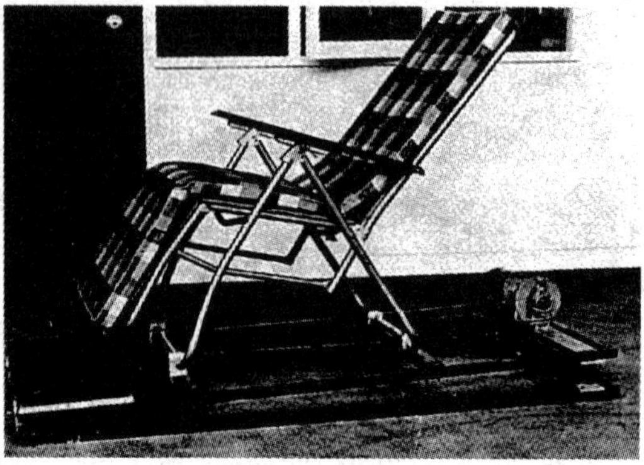

图版十八　摇动患者的装置

重症照护[17]

在重大手术或严重事故后，有时需要持续观察病人的某些功能，以保证万一情况恶化能采取紧急措施。最重要的设备是显示心脏运动的心电图仪（ECG）。许多医院都安装了不少有中央阴极射线示波器（cathode ray oscilloscope）连结心电图仪的病床。其他能与中央观测点固定连结，因此只需要一位护士就能作全面观察的监测仪器包括:(i)呼吸(或透过涡轮叶片,或在使用辅助呼吸器时,通过机器本身的运作),(ii)血压,(iii)病人的体温。哈罗临床研究中心生物工程部门的沃尔夫(H. Wolff)曾描述过一种可让病人24小时佩戴的携带型监测器,能把心脏的完整活动记录储存在标准卡带上[18]。这大大增加了发现异常状况的几率。

特殊的成人床与婴儿床

图版十九是我系里制作的一张试验床,床对小腿、大腿、头部和背部的支撑部分能以液压调整到不同角度。在病人从床上坐起来的时候,这一点特别重要,大腿受到逆坡支撑,这样病人就不会总是滑下来了。同时,该系统负斜率可达20度,能够导出肺部积水。

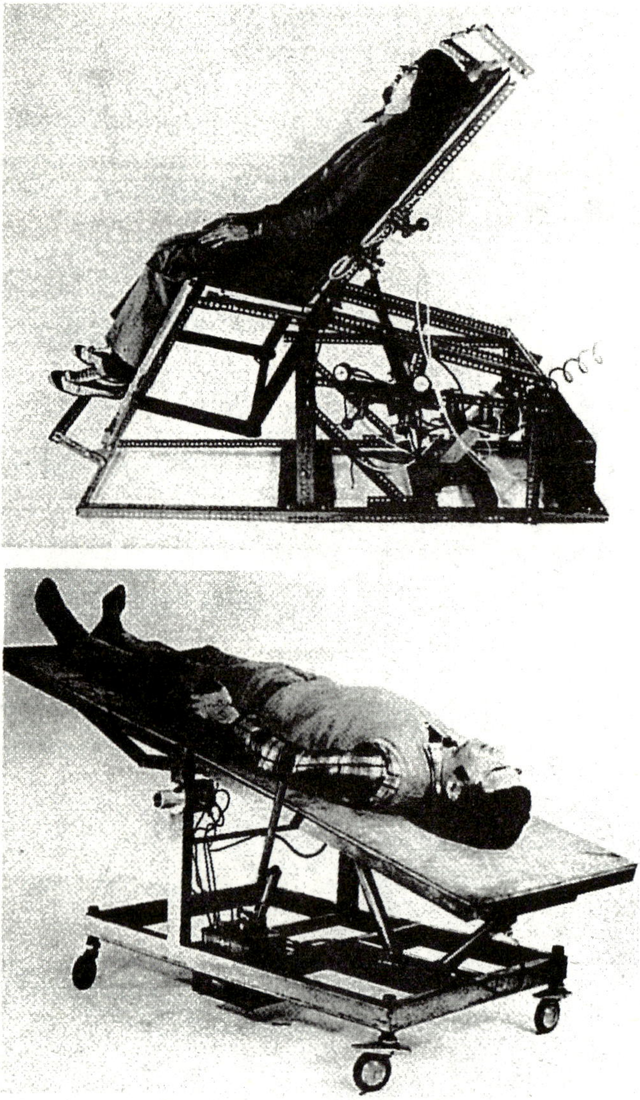

图版十九 完全可变式病床设计

8.7 残障设施

许多公共场所都已经设置了方便轮椅使用的坡道和特殊洗手间。然而，还有其他许多种情况，房屋建筑行业相关人士大可以多花点心思解决残障和半残障人士的问题。水槽、浴缸水龙头和烤箱的把手通常要相当力气才能打开。烤箱的位置通常很低，极不方便。还有其他许多装置能够整合到传统房屋中，方便残障人士使用，比如各种爬楼梯辅助设备。这应该成为建筑师标准训练的一部分。

第 9 章
工程师的责任

工程师面对了道德问题：

应该发展武器吗？

长期利益和眼前利益孰轻孰重？

为少数人的利益而使得大多数人有些不便？

工程师应该根据自己的良知，

建立长期而有世界视野的眼光，

去审视自己的工作。

9.1 工程与其他专业的关系

本书中，我所谓的“工程师”包括所有应用科学家、建筑师和科技专家，他们开发各种硬件，小至药物大至飞机，将科学的实验与理论知识应用于解决人类实际问题。照此定义，工程师必然面对一个道德问题：他的工作究竟是改善还是危害了人类生活？而他也必然与这个问题有关。理论科学家大可以认为自己的工作不涉及伦理，因为他们认为自己的工作与人类的各种应用方式毫不相干；不过事实上，理论科学的任何分支想和对人类造成的实际后果切割分离，已经越来越困难。而另一方面，工程师总是必须考虑一些没有明确答案的问题，像是短期的好处与长期的坏处之间的关系，或是对少数人极有价值却对多数人造成小小不便的好处，比如噪音和污染、最后还有最困难的问题：他该不该将自己的技能用于制造战争武器？在最后这一章，我希望能提供一个方向，帮助工程师思考这些问题，特别是帮助他们凭良知寻求自己的答案。我当然不是在说每个人的想法都必须跟我一样；引用文献时，我也将尽可能提供正反两方面观点，不过我也相信我的倾向会显现出来。

想要抵达稳定的创造性社会，需要往上攀爬的那七座职业之梯（参见第三章）显示，工程师（上文中已经有定义）是无法凭一己之力处理整个问题的。跟工程师相关的主要是右手边的梯子，以及食物与医学的梯子，这我们也分别在第六和第八章中作过讨论。

然而，正如第一章中所提到的，工业革命最倚重的职业就是工程，也因此在第二次工业革命，也就是建设稳定均衡社会、以取代第一次工业革命的无限制增长的这项运动中，工程师承担的责任非比寻常。事实上，为了我们社会能存在而必须在第二次工业革命过程中开发出来的机器和技术，就只有工程师才能想得出来。在政客因为奢侈滥用地球资源而辩称“资源耗尽时，工程师会找到一样好的替代品”之际，也只有工程师能证明他们是一派胡言。经济学家倾向说“只要提高价格，供应就会源源不绝”。当然，这在理论上是成立的，但由于价格里也包括了庞大的资本配置，需要利用其他资源、并消耗大量能源，然后才能生产替代品，因此在事实上并不成立，因为人类不可能负担得起这些资本资源①。这就是为什么工程师必须把化石能源看作是人类有限的资本资源，以确保在化石能源用尽之际，我们已经建立起可永久使用的系统。

因此，每个工程师和考虑当工程师的人都有如下责任：思考最初三章中讨论过的那些长期的世界性问题，尽可能就我们的文明该如何存活至21世纪的问题，依自己健全良知所得出的结论，对自己的职业以及跨行业讨论施加影响。事实上，我们的文明要经历社会风气变化而不覆灭，在这个关键过程中，工程师扮演着至关重要的角色。知晓工程潜力以及工程对人和环境的限制的，是工程师，而非其他人。许多作者得出了相似的结论；比如《科学》杂志艾贝尔森(Philip H. Abelson)的社论②说道：

> 有一项重要的功能是监督。在利用科学发现的过程中，人类挥霍资源、在无意中对自身和环境进行影响深远的实验……因此理论科学家和科学机构的确有不可逃避的责任。

他谈到需要借由提供论坛、建立事实调查委员会、撰写高学识水准的客观报告，来创造审慎的公众观点。

在1975年11月的欧洲议会第四次议会与科学会议(the Fourth Parliamentary and Scientific Conference of the Council of Europe)上，制定了一项总宣言③，指出国际间应以一致的态度来面对食物、能源、原物料、未开发国家的需求等世界性问题。他们建议：

（1）欧洲各国政府应该发起制定全球科技政策，并推动科技、经济、社会、政治和人类等因素的整合，

（2）各国政府应该防止重大决策过度注重科技面，因而影响到此类决策对于价值观、假设和风险评估的恰当呈现。

9.2　工程责任的研究

原本的“希波克拉提斯宣言”(Hippocratic oath)为医生制定了准则，以确保高度的职业荣誉感、对病患的责任和对病患私生活的尊重[4]。

几十年来，加拿大的工程师也有一项合格仪式，最早是由吉卜林(Kipling)所撰写，提到了工程师对客户和同业的责任。当工程师受雇时，即应对雇主负责。然而，前面几章讨论过的问题显示，工程师的工作影响到人类生活的所有方面，特别是：

(1) 工程的副产物与副作用，比如噪音和污染；

(2) 工程对环境和野生动物方面的毁灭性影响；

(3) 工程对后世的影响——特别是用尽稀缺资源，导致21世纪无资源可用的问题。

因此，我们可以说，毫无疑问的，工程师和应用科学家也需要一个希波克拉提斯宣言，来谈谈他们对自己工作一切后果的责任。针对这个主题已经召开过许多研讨会，也提出过许多不同的宣言。下面我将例举较出众的几个。

圣克拉拉宣言(Santa Clara Declaration)[5]

工程师的社会责任

以下署名的工程师、物理学家、社会科学家及加州圣克拉拉大学(University of Santa Clara)名为《工程与科技社会》的国家科学基金会研讨会(National Science Foundation Conference)的各与会者,都关注科技对环境、文化和价值观的负面影响。工程师及其他专业人士未能负起主要责任,应对科技的社会影响,尤其令我们不安。

因此,我们决定努力反求我们自己、自己学生和同事,对所有研究成果的付诸运用培养出更大的责任感。

我们呼吁所有的工程师和工程协会,加入我们这项紧急的努力尝试。

该宣言有31位工程学教授签署,他们几乎都来自美国。

国际电机电子工程师学会(IEEE)科技的社会意涵(Social Implication of Technology)委员会[6]

共制定了18条基本道德原则,前三条是关于这些范围更大的问题,其他则涉及一般的专业责任。

基本道德原则

(1)工程师在执业时,须妥善注意公众的安全、健康和福利,并以自己对公众福利的责任至上,在发现任何威胁公共安全和健康的情况时,需告知相关部门。

(2)工程师尽一切可能确保他所负责产品的安全性与可靠性,并承担个人错误所应负的责任。

(3) 工程师应在合理范围内了解他所从事计划的直接与间接、短期及长期的可能后果。

赫鲁贝茨基(H. R. Hrubecky)[7]在“科技革命对未来世界教育的要求”一文中说道：

兹决议，世界各国应以谨慎决断方式经营自然资源的管理风气，取代人类对自然“控制与主宰”的堕落风气。共同回应并承认世界领导地位：这确实是基于对人类的最佳长期利益。

卡梅尔(Mount Carmel)科技与道德责任宣言[8]

该宣言于 1974 年 12 月一次研讨会上起草，全世界已经有超过 300 人署名。

(1) 我们承认科技在改善人类条件方面的巨大贡献。然而，随着科技在深度和广度的不断发展，其不可预见的结果有好也有坏。如今的技术成果如此错综复杂、相互联结，其意外结果的范围如此之广，招致的不可逆变化规模又如此之大，结果恰恰对人类的生存构成了危险。

(2) 虽然需要在社会和国家层面采取紧急措施，但是地区性的合法利益绝不能超越全人类公正、幸福、和平方面的共同利益。通过社会制度和体制进行有效控制，是迫切需要全球关注的问题，超越所有利益冲突，以及宗教、种族、政治观点上的分歧。最终，所有人必将受益于科技的希望，否则必将一同受苦甚至消亡。

(3) 科技应用和发明源自人的行为。因此，需要政治、社会、经济、生态，尤其是道德等方面的评估。没有哪种技术在道德上会是“中性的”。

(4) 人类，无论是作为个人、或是作为社会制度的一分子或执行者，都需承担滥用科技的完全责任。引用据说毫无弹性的科技惯性与科技转换的定律，是逃避道德与政治责任的借口。

(5) 宣扬尊重人格尊严的信条和道德哲学,尽管有许多差异,但一样能团结人民以行动克服新科技带来的问题。在技术泛滥的时代,急需制定一套新的指导原则。

(6) 所有科技事业都必须尊重人权,并珍视人类尊严。我们绝不能拿人类的存亡冒险。我们绝不能把人类降格为供机器驱使的东西;科技方面的每一项创新,都必须以培养真正的自由、创造性人才方面的贡献来加以评判。

(7) "已开发"国家与"开发中"国家的首要需求不同,但最终利益一致。

对于已开发国家:不惜一切代价反对扩张,反对去满足不断增加的自我欲望——并采取原则性的限制政策——同时要慷慨地帮助不幸和贫困的人。

对于开发中国家:需要配套但适当修正过的原则性限制,特别是人口增长方面,同时下决心避免重蹈已开发国家的覆辙,不做消耗大却不得益的事。

减轻人们痛苦、消除饥饿和疾病、消灭社会不公、实现持续和平的问题应该绝对优先重视。

(8) 这些问题及其影响,需要所有的教育机构及传媒共同讨论并调查。不仅需要自然科学家和技术人员,还需人道主义者和社会科学家作深入、创新的研究。我们当然需要更好的技术,但并不足以解决密集使用科技带来的问题。我们需要监察准则来监控和评估科技革新,并特别注意这些科技革新在道德方面的影响。

(9) 为实现这些目的,将需要政治家和他们的专家顾问群积极参与社会制度的改善,也需要那些直接受到影响的大众,特别是承担未来最大风险的年轻人的知情和赞同。

(10)这项事务需要在三个不同但相关的任务上下工夫:发展"监察准则"以观察、调整、改善、限制科技对人类的影响(这是科学家和科技人员特有的责任,但并不仅限于他们);共同汇整不同的道德规范;并创设改善的教育与社会制度。

温伯格(Alvin M. Weinberg)在他名为《1975年卡梅尔宣言之反思》的乔瑟夫·翁施(Joseph Wunsch)讲座中说道,他署名时对以下3个问题有所保留。

(1) 我们能否生存下去,但不拿人类存亡冒险?在这方面,他关注一个事实,即现在我们的文明是以能源使用量不断上升为基础的,因此他认为全世界发展核能和其他高科技是人类生存所必需的。

这样的论点我在第四章中已经努力做了充分论述,说明只要不再与惊人能耗"挂钩",就能实现人类更美好的未来。

(2) 社会定位会比科技定位更安全吗?他质疑,像是法律强制措施这种形式的社会干预,是否就不会像"科技定位"那样有不良副作用。他支持能源特区,也就是由一队具备高度技术的固定工作队伍负责操控的大规模密集核子设施。

我希望借由这本书说明的是,社会强制措施,与集中世界一切有限的资本资源在少数大型核能特区,通过电缆或是运输氢的管线,将能源输送到世界各地的做法一样,只不过是为人类求一个满意的未来。一个方案让人失去自由,而另一个显然也无法解决供应80亿人能源的问题。唯一可行的方案是人性科技。

(3) 谁来监察监察员?他宣称,当科学家谈论的内容超越了他们精准科学的知识范畴时,赢得辩论的人必然会是警告说有假定危险的科学家,即使他无法证明危险确实存在。

恐怕我的经验与之相反。比如说,尽管有人警告说铅会危害人体健康,但汽油中还是继续添加铅。然而我同意他的建议,科学协会与工程协会应该扮演起类似司法机关的角色,当精密科学以外的问题造成应用科学家之间的分歧时,能倾听正反双方的辩解。

9.3 工程师和战争

有两个极端的位置，之间所有的位置都由工程师占据。柴恩爵士（Sir Ernst Chain）[9]曾经表述过其中一个极端。他说道：

> 因此，有能力的科学家是一个国家克敌时最珍贵的资产，胜败掌握在他们手中。
>
> 没有哪个社会在遇到紧急情况、生存受威胁时，能任凭科学家撒手不管；同时，当保护他及家人的国家因紧急事件需要他尽责时，科学家如果拒绝效力，在道德上难逃谴责……单方面拒绝西方科学家参与战争技术研究，就等同于从混乱的生活中抽身……科学家首先要负责的是他自己的国家。

另一个极端，则是贵格会教徒的观点。

> 我们完全否定一切使用对外武器（outward weapon）的对外战争、冲突和战斗；不管有什么目的，或是有任何借口，这是我们对全世界的声明。[10]

邦迪（H. Bondi）[11]说：

> 对我来说，基本上一个公民要不是同意、就是不同意政府的防御政策。如果他不同意，那他就有责任解释清楚，有责任缜密考虑自己提出的备选方案，并寻求赞同的支持者，以期改变政策。

事实上，我确实不同意英国出口武器，也不同意在

“国防”上花费如此巨大的工程研究与制造资源。我相信，哪怕我们能将其中一半的资源用于像是帮助印度穷苦人民种植更多粮食等计划上，那么我们就能在10年内对避免第三次世界大战有更大的贡献，比依照现行政策的效果更大。

毫无疑问，自从在日本投下核弹，应用科学家就必须本着良知，考虑将他的技能用于战争所产生的可怕后果。根本问题在于，他的良知告诉他应该首先效忠的到底是全人类还是他的国家。在国与国的问题上，我们对立严重，纵使在欧洲，这个问题也是两三个世纪前新发展起来的，在其他地方甚至更新。世界各地有许多人其实是忠于一个宗教或是政治信条，而非一个国家，但即使如此，当他们的跨国团体受到压力时，这些人往往还是会将自己的国家放在首位。令历史观念无法适用的当前局势基本新特点，是科技让世界变小了，更给了“鹰派”武器，而这些武器一旦使用，保证能彻底抹去敌对文明。有些人辩称说，后一个观点是好事，因为没有大国敢宣布全面核战争，或是使用最具杀伤力的生化武器，因为他们自己的文明也免不了被敌人毁灭。

可惜，这个论点并没有用，因为两国的“鹰派”人士会持续要求研究更多更多的精密武器，他们会辩称说，对方可能取得大幅的领先、只要率先攻击就能阻止发动反击，或强大到敢以传统武器攻击，有望在双方都不动用核武器的条件下赢得战争。因此，富国投入“国防”上的财富比例会逐年上升，而有不少国家的整体经济，会越来越依靠尖端武器的出口。

依我看，有良知的工程师会发现自己比较倾向于贵格会观点、而不是“鹰派”观点，并且更关注人类的未来，而不是狭隘的爱国主义。这有两个原因。

其一，即使职业生涯中只有几年致力于改进破坏性的武器，工程师的人性也免不了会受到破坏性影响，逐渐把大众及其家园当做攻击目标。我相信工程师在生命结束前必然会对此悔恨不已。其二，在本书中我尝试让大家看到的，是能理所当然地带领人类迈入稳定的21世纪的，绝非扩张军备，反而是逐步将研究资源和财政投资分流到人性科技方面，才能为已开发国家和未开发国家带来比现在更美好的生活。最终的决定要靠每个人的良知，但这良知必须要清楚了解长远而全球性的考量，并深受这些考量的影响。

9.4　给年轻工程师和科学家的建议

还未决定职业生涯但对科技感兴趣的人，也许会对工程学的有害副产品感到心有余悸，而不愿进入应用科学领域。确实，我相信10年前读社会科学的人数大幅攀升的原因之一，是年轻人觉得想要对社会有所贡献，而读社会科学就是最好的途径。我的答案是，这些都是我们需要工程的例子，而能制造出机器并避免有害副产品的人，也只有那些有充分良知的工程师。曾有化学系毕业生问我类似的问题，他们是否应该因化学工业的污染效应而避免进入这个行业。我的回答同样是，“你才是该进入那个行业的人，而且要让你的良知坚定、无愧，这样一来，当你的职位越来越高，才可能在消除污染方面扮演更吃重的角色”。大多数大型化工公司都有防治污染的高级职员，而随着原物料的逐渐短缺，回收再利用污染物也越来越有经济效益，而不是直接排放到空气或水体中，或是装进桶子里送到垃圾场。如何在这些方面做到最经济，是化工行业最重要的研究方向之一。

因此，我可以总结一下我对有良知、对科技感兴趣的青年的建议：在你的职业生涯中，尽可能多取得资格、去融入这个体系，别丢下你的良知。只是，我个人不建议进入制造武器、用于战争或破坏用的材料的行业。

9.5 工程师的良知

我在本书中想阐明的，是工程师绝不能蒙着眼罩；他必须关注自己的工程对世界产生的长期影响，并肩负起教育大众了解工程潜力和日后危险的重要责任。他必须意识到，受他的工程所影响的那些人，对他们来说，那些达成圆满生活所不需要的物品与地位象征并不重要，人类生活的主观品质，像是自我成就、幸福、内心的自由，还有爱，这些才更真实、影响也更深远。表 9.1 是对此的一种表述，将工程师所有的工作，依照其与个人生活的关系，列在道德区间的对应之处。顶端的是所有为丰富个人创造性自我成就的生活而设计的机械。紧接着的，是满足所有人适当生活水准的机械，接下来的一类并非必须、不过本身也无害，只是副作用有害。这些不良副作用与专为伤害人类而设计的机械，被列在线的下方，位于表的最下端。

我以下文总结，这是我给工程师和应用科学家的希波克拉提斯宣言[12]。

给工程师和应用科学家的宣言

我宣誓，仅努力把我的专业技能用于经过良知的评估、而我相信将有助于全人类和平共处，互相尊重，且有自我成就感的计划。

↑对个人的价值逐渐递增

能提高个人创造性成就感的机器。

医疗工程和义肢学；个人卫生与公共卫生；教育和旅游用机械；通讯机械；艺术与工艺用设备。

帮助个人谋生，可以免做苦力、避免危险的机械。

遥控技术（采矿，深海与工厂应用）；农用机械、“机器牛”；冰箱；运输工具。

（自动化和机器人仅仅是为了避免危险或机械性的重复劳动。）

（以上为：人性科技）

装门面的机械。

可有可无的地位象征物，时尚工程和内在陈旧性。

“用过即丢”商品；毫无必要的大型或快速车辆；小玩意；“赶时髦”；太空竞赛；超音速飞行；超大型发电厂。

---

0 价值中性

有害↓

劣质、粗心工程所造成的有害副产物

噪音与丑陋；污染，意外；压力；恐惧；燃料及矿物的耗竭；失业；重复工作。

故意造成伤害的机器。

用于摧毁人类和家园的武器；拷问用的机械。

表 9.1 工程的道德区间

我相信，实现这个目标需要提供充足的生活必需品（良好的食物、空气、水、衣物与住所、能接触到自然与人文美景）、教育和机会，让每个人为自己的终身目标努力，以动手和动脑来培养创造力和技能。

我宣誓，我将通过自己的工作，努力把危险、噪音、对个人隐私的限制和侵犯，对土地、空气和水体的污染，对自然美景、矿物资源与野生动物的破坏减少到最低。

注　　释

第 1 章　工业革命对人类生活的影响

① 这个观点由普舍奇教授(Professor Pusic)于 1977 年在艾克顿协会(Acton Society)的西恩纳研讨会(Siena Seminar)上所提出。假如有权势者在掌权之前，已经充分发展了自己的仁爱以及公正无私的思考能力，就不适用于这一点，但遗憾的是，正如卡莱尔(Carlyle)在其法国大革命研究中指出的，获取权位的能力并不完全等同于明智运用权力的能力。

② Godfrey Boyle and Peter Harper, *Radical Technology*, 1976 (Wildwood House, London).

③ E. F. Schumacher, *Small is Beautiful*, *A Study of economics as if people mattered*, 1974 (Abacus, Tunbridge Wells, Kent).

④ Anne Chisholm, *Philosophers of the Earth*, 1972 (Scientific Book Club).

⑤ E. Goldsmith, *Can Britain Survive?* 1972 (Tom Stacey).

⑥ Max Weber, *The Protestant Ethic and the Spirit of Capitalism*, 1930, (Allen and Unwin, London).

⑦ A. J. Meadows, *The Industrial Revolution*, 'Science in Society' leaflet, 1978.

⑧ Desmond Lee, *Science*, *Technology and Society in the Ancient World*, 'Science in Society' leaflet, 1978.

⑨ 例如：R. S. Scorer, *Pollution in the Air*, 1973 (Routledge and Kegan Paul, London). Werner Strauss (Ed.), *Air Pollution Control*, 1971 (Wiley, New York). W. L. Faith and Arthur A. Atkisson, Jr, *Air Pollution 2nd edition*, 1972 (Wiley, New York). Paul R. Ehrlich and Anne H. Ehrilich, *Population Resources Environment*, *Issues in Human Ecology*, 1970, (Freeman, San Francisco).

⑩ 'Lead astray by roadside vegetables,' *New Scientist*, 15 December 1977, p. 686.

⑪ 'The case against lead in petrol', *New Scientist*, 11 August 1977, p. 348.

⑫ 'Mixed responses to aerosol propellants'. *New Scienist*, 1978.

⑬ 'Sulphur pollution across boundaries', *AMBIO*, February 1972, p. 15.

⑭ Lester B. Lave and Eugene P. Seskin, 'Air pollution and human health', *Science*, 1970, 169, 273.

⑮ M. Ottaway, 'Farming threat to clean water', *Sunday Times*, 19 February 1978, p. 18.

⑯ 欧盟执行委员会, 'Euroform' No. 5/78.

⑰ Anne Chisholm, *Philosophers of the Earth*, 1974 (Scientific Book Club), p. 77.

⑱ *lbid.*, p. 96, Donald Kuenen.

⑲ Jeremy Bulger, 'Mediterranean countries come clean', *New Scientist*, 5 January 1978, p. 4.

⑳ Jeremy Bulger, 'Mediterranean countries come clean', *New Scientist*, 5 January 1978, p. 4.

㉑ E. E. Angino *et al.*, 'Possible danger and pollution hazards', *Science*, 1970, 168, 389.

㉒ D. Bryce Smith, 'Land pollution; a growing hazard to health', *Chemistry in Britain*, February 1971, 7, No. 2, 54.

㉓ A. Curley *et al.*, 'DDT metabolism: oxidation of the metabolite 2,2-bis (p-chlorophenyl) ethanol by alcohol dehydrogenase', *Science*, 1971, 170, 65.

㉔ L. L. Goldwater, *Scientific American*, May 1971, 224, No. 5, 15.

㉕ J. P. Rothe, 'Fill a lake, start and earthquake', *New Scientist*, 1968, p. 75.

㉖ M. Kassa, 'The river Nile ecological system', paper submitted to the UNESCO International Programme on Man and the Biosphere, 1969. Published in *Impact of Science on Society*, 1970, XX, No. 3, 241.

㉗ A. K. Agarwal, 'Crippling cost of India's big Dam', *New Scientist*, 30 January 1975, p. 260.

㉘ 'Toxic substances - wasted opportunities', *New Scientist*, 12 December 1977, p. 688.

㉙ Lord Richie Calder, 'Hell upon Earth', p. 17, *The Environmental Handbook* (Ed. J. Barr), 1971 (A. Ballantine/Friends of the Earth, in association with Pan Books, London).

㉚ R. S. Scorer, *Pollution in the Air*, 1973 (Routledge and Kegan Paul, London), p. 135.

㉛ L. B. Powell, 'Deteriorating soil', in *Can Britian Survive*? (Ed. E. Goldsmith), 1971 (Tom Stacey, London), p. 70.

第 2 章　向下沉沦

① *Encyclopaedia Britannica*, 1958 Edition, Vol. 19, p. 504.

② Peter Laurie, 'About the long goodbye', *New Scientist*, 29 June 1978, p. 929.

③ D. H. Meadows, D. L. Meadows, J. Randers and W. W. Behrens Ⅲ, *Limits to Growth*, 1972 (Potomac Associates Books, Earth Island Ltd.).

④ 到2010年之前都不太可能达到这种条件。

⑤ Mihajlo Mesarovic and Eduard Pestel, *Mankind at the Turning Point*, 1974 (Hutchingson, London).

⑥ Pugwash Newsletter, October 1976, Vol. 14, Nos. 1 and 2, p. 1.

⑦ Frank Barnaby, 'Escalation in the Third World', *New Scientist*, 21 April 1977, p. 137.

⑧ *Observer Review*, 15 January 1978.

⑨ Robin Clarke, *We All Fall Down*, 1968 (Allen Lane, London).

⑩ Nigel Calder (Ed.), *Unless Peace Comes*, 1968 (Allen Lane, London).

⑪ Frank Barnaby, 'The politics of reprocessing', *New Scientist*, 6 April 1978, p. 18.

⑫ Jon Tinker 'Ancient enemies united against deserts', *New Scientist*, 8 September 1977, p. 582.

⑬ Mostapha Tolba, *The Times*, 3 October 1978.

⑭ A. K. N. Reddy, 'Science versus deprived humanity', *New Scientist*, 26 October 1978, p. 270.

⑮ "生活品质"的定义在第三章。

⑯ R. M. Lala, 'Why we should feel sorry for the rich', *The Times*, 21 December 1977.

⑰ Joel Greenberg, 'The Americanization of Rosito', *Science News*, June 1978, 113, 378.

⑱ Peter Large 'The day after tomorrow' *Guardian*, 17 February 1979.

⑲ 请见第一章的附录。

第3章 向上提升

① 准稳定，我指的是，尽量缓慢地使用化石燃料和其他有限资源，在不丧失任何人类需求满足的前提下，产生最终的稳定态势。见第四章。

② 比方说，J. A Wagar, 'Growth versus the quality of life', *Science*, 1970, 168, 1179.

③ 其实都不是新结论，几千年前就有了。

④ "我越来越相信，这种不安就在于我们的文明所依靠的工业基础。经济成长和技术成就，是我们这一历史时代最杰出的胜利，却无法满足所有人和他们的希望。物质的进步，是工业资本主义和社会主义最重大的区别，却证明了无法在精神上满足人类。不只是追求利润、就算是推崇效率，最终都会破坏人类的福祉。一个由机器加工所主宰、靠工厂和办公室的例行公事、以个人消费颂扬自己的社会，最终是无法让我们保持忠诚的。"海尔布隆纳(Robert L. Heilbroner)，"关于人类前景的探讨"，《观察家报》('An inquiry into human prospects', *Observer*)，1974年12月28日。

⑤ Arthur Koestler, The Brain Explosion, *Observer Review*, 15 January 1978.

⑥ G. I. Gurdjieff *All and Everything*, 1950 (Routledge and Kegan Paul, London).

⑦ H. F. Hrubecky, The scientific and technological revolution's demand on education for a further world society' UNESCO Conference, Prague, September 1976, gives a list of six needs for human happiness.

第4章 工程师与能源

① 几乎所有的燃烧装置在排出燃烧产物的同时，都会以蒸汽形式排出燃料中氢反应所生成的水，因此仅燃料净热值可用。

② 浸入式加热槽实际加热效率有90%；损失则发生在发电厂和配电系统。

③ M. King Hubbert, *Energy and Power*, 1971 (Scientific American Book, W. H. Freeman, San Francisco) pp. 31—40.

④ Hawkins, *Fuel and the Environment*, 1973 (Institute of Fuel). Proceedings of a Conference held November 1973.

⑤ E. Cook, *Energy Resources and the Environment*, 1975 (Blackie, Glasgow), p. 33.

⑥ B. J. Bowden, *Heat. Vent. Engr.*, 1974, 47, 541, quoted in J. Gibson, 'The Energy Gap', Institute of Fuel, Energy Brake or Break Conference, 1976.

⑦ 也可以参照 Bert Bolin, *Energy and Climate*, 1975 (Secretariat for Future Studies, Stockholm).

⑧ H. C. Hottel and J. B. Howard, *New Energy Technology*, 1971 (MIT Press, USA).

⑨ M. W. Holdgate and L. E. Reed, 'The fate of pollutants', *Fuel and the Environment*, Institute of Fuel Conference, November 1973, p. 113.

⑩ *Ibid.*, p. 119, Fig. 5.

⑪ M. W. Holdgate and L. E. Reed, The fate of pollutants', *Fuel and the Environment*, Institute of Fuel Conference, November 1973, p. 119.

⑫ Hawkins, The electricity supply industry, *Fuel and the Environment*, Institute of Fuel Conference, November 1973, p. 69.

⑬ J. Gribbin, 'Fossil fuels: future shock', *New Scientist*, 24 August 1978, p. 541.

⑭ R. Lewin, 'Why the yule logs must not burn', *New Scientist*, 23 December 1976, p. 750.

⑮ G. Marland and R. M. Rotty, The question mark over coal, pollution, politics and CO_2' *Futures*, February 1978, p. 21.

⑯ M. W. Holdgate and L. E. Reed, 'The fate of pollutants' *Fuel and the Environment*, Institute of Fuel Conference, November 1973, p. 118.

⑰ 持续暴露在浓度百万分之一百的一氧化碳中，会引起非常严重的生理问题(W. S. Broecker, 'Man's oxygen reserves', *Science*, 1970, 169, 1537)。

⑱ M. W. Holdgate and L. E. Reed, *ibid.*, p. 120.

⑲ R. J. Crookes, 'Environment pollution', *Energy and Humanity*, 1974 (Peter Peregrinus, Stevenage) p. 46. Also M. W. Holdgate and L. E. Reed, *ibid.*, p. 117.

⑳ M. W. Holdgate and L. E. Reed, *ibid.*, p. 120.

㉑ M. W. Holdgate and L. E. Reed, *ibid.*, p. 120.

㉒ *Air Pollution form Rood Vehicles*, National Society for Clean Air, Report, 1967.

㉓ 'The road to lead in sheep', *New Scientist*, 28 September 1978, p. 921.

㉔ 例如 *Industrial Air Pollution*, 1975 (Health and Safety Executive, London).

㉕ 取材自 H. C. Hottel and J. B. Howard, *New Energy Technology*, 1971 (Massachusetts Institute of Technology).

㉖ P. R. Odell and L. Vallenilla, *The Pressure of Oil*, 1978 (Harper and Row, London).

㉗ H. E. Collins, *The Revitalized Coal Industry*, 1975 (*Colliery Guardian publication*), p. 17.

㉘ 如果天然气含硫量高，比如在法国南部，也可以很容易去除。

㉙ 最接近的是酒精，是一种易于使用的液体，但热值仅一半。

㉚ 比如中央电力局(CEGB)在妇女学会(Women's Institute)的期刊上广告核能自由谈。

㉛ E. Broda, 'Long term problems of nuclear energy', Paper, Institute of Physical Chemistry, University of Vienna, Austria, December 1976, p. 429.

㉜ G. L. Weil, *It ought not to have happened in the way that it did*, reprint from Towards Survival, March 1974.

㉝ J. W. Gofman and A. R. Tamplin, *Poisoned Power, the Case Against Nuclear Power Plants*, 1971 (Rodale Press, Emmaus, Pa.).

㉞ Robert Jungk, *Nuclear State*, 1979, translated by Eric Mosbacher (John Calder, London). See also Michael Kenward, 'A thousand times gloomier', *New Scientist*, 5 April 1979, p. 7.

㉟ 'Coal and nuclear power station costs', UK Department of Energy, 1977.

㊱ D. Leslie，私人谈话。

㊲ Mike Gravel (US Senator from Alaska), Form the Foreword to J. W. Godman and A. R. Tamplin, *Poisoned Power, the Case Against Nuclear Power Plants*, 1971 (Rodale Press, Emmaus, Ps.).

㊳ John, Davoll, 'The case against nuclear fission power', *Laser*, September 1974, p. 10.

㊴ H. C. Hottel and J. B. Howard, *New Energy Technology*, 1971 (MIT Press, Cambridge, Ma, USA), p. 239.

㊵ E. Broda, 'Destruction of nuclear power plants in crisis and war', 28th Pugwash

Conference, September 1978, Varna, Bulgaria.

㊶ *J. Inst, Fuel*, February 1957, 29, 65.

㊷ J. A. C. Kentfield and D. H. Norrie, 'An axial flow wind turbine with delta wing blades', International Conference on Alternative Energy Sources, Miami, December 1977.

㊸ D. M. Simmons, *Wind Power*, 1975 (Noyes Data Corporation, USA), p. 138.

㊹ J. T. Yen, 'Harnessing the wind', *IEEE Spectrum*, March 1978, p. 42. M. B. Holland, 'Power form the wind' *Chart. Mech. Engr.* May 1978 p. 39.

㊺ H. C. H. Armstead, 'The future of geothermal energy', *J. Inst. Fuel*, 1978, 51, 109.

㊻ M. D. Archer, 'Photosynthesis in vitro', *J. Inst. Fuel*, June 1978, 51, 100.

㊼ P. E. Glaser, 'The case for solar energy', *Energy and Humanity*, 1974 (Peter Peregrinus, Stevenage).

㊽ M. Barrere, 'energy and environment', Proc. Inst. Mech. Engrs., 1978, 192, 197.

㊾ 这本书就是用再生纸印的。

㊿ 核能方面的研究和发展是个例外，但军事上对核弹的需求在此却又是决定性的因素。

(51) J. K. Dawson, 'The prospects for hydrogen as a fuel in the United Kingdom', *Atom*, May 1974, No. 211, p. 93.

(52) C. L. Wilson, 'World energy prospects for the year 2000', *Proc. R. Soc.*, A, 1977, 358, 121—139.

(53) B. F. Feld, speech at the Plenary Session of the UN Special Session on Disarmament, 12 June 1978, *Pugwash Newsletter*, July 1978, 16, 2—3.

(54) *An Alternative Energy Strategy for the United Kingdom*, 1977 (National Centre for Alternative Technology, Machynlleth, Wales).

第 5 章 21 世纪的交通和通讯

① G. Bouladon, 'The transport gaps', *Science Journal*, April 1967, p. 41.

② G. Bouladon, 'Transport', *Science Journal*, October 1967, p. 93.

③ P. E. Garbutt (Chief Secretary, London Transport), 'Transport in cities', *Jl. R. Soc. Arts*, June 1978, p. 422.

④ M. W. Thring, *Man, Machines and Tomorrow*, 1974 (Routledge and Kegan Paul, London).

⑤ G. Leach, paper in M. W. Thring and R. J. Crookes (Eds.), *Energy and Humanity*, 1974 (Peter Peregrinus, Stevenage), p. 109.

⑥ G. Bouladon, 'Towards a better utilization of energy in transport', Royal Aeronautical Society, Spring Convention, 1974.

⑦ *Loc. Cit.* D. Howe, Contribution to discussion.

⑧ 本表假设空气或水的阻力是根本的能源限制，对飞机的升阻比(lift/ drag ratio)有限制。就陆地交通工具而言，轮胎的滞后现象与其他因素则相对重要——竞速自行车用的就是极窄的硬胎。

⑨ *Energy and Humanity*, p. 110.

⑩ Earl Cook in Lenihan and W. W. fletcher (Eds) , *Energy Resources and the Environment*, 1975(Blackie, Glasgow).

⑪ Maltby er al., 'An analysis of energy use in urban passenger transport', *Proceedings of the Newcastle Conference on Alternative Technology*, 1976.

⑫ J. D. Davis, 'Prospects for low energy technology in road transport', *Proceedings of the Newcastle Conference on Alternative Technology*, 1976.

⑬ K. Garrett, 'The future of the private car', *Chart. Mech. Engr.*, March 1975, p. 65.

⑭ 波士顿儿童医院(Boston Children's Hospital)与哈佛医学院(Harvard Medical School)曾经在 1979 年 3 月号的《新英格兰医学期刊》(*New England Journal of Medicine*)中发表了一篇报告，比较儿童乳牙中的铅含量与智商之间的关联性。其中 58 名儿童齿质中的铅含量超过百万分之二十，而有 100 名儿童的铅含量不到百万分之十。所有的干扰因素都已经排除，而结果显示，前者的表现大不如后者。(*New Scientist*, 5 April 1979, p. 5.)

⑮ P. T. Sherwood and P. H. Bovers, *Air Pollution form Road Traffic -A review of the present position*, 1970, Road Research Laboratory Report LR 352. See also *The Automobile and Air Pollution*, Report to United States Department of Commerce, October 1967; 'Air pollution from road vehicles', Technical Committee of National Society of Clean Air, 1967.

⑯ E. F. Stacey, 'Motorway noise and dwellings', *Building Research Station Digest*, 1971.

⑰ 请见 E. M. Estes, 'Alternative power plants for automotive proposes', *Proc. Inst. Mech. Engrs.*, 1972, 186, 125, and K. Garrett, 'The future of the private car', *Chart. mech. Engr.*, March 1975, p. 65.

⑱ A. Curtis, 'Sharp turn for clean car thinking', *New Scientist*, 3 May 1973, p. 271. (See also Estes, loc. Cit.)

⑲ P. D. Dunn, 'The Stirling engine its future', *Proc. Inst. Pat. and Inv.*, 1974, p. 11.

⑳ R. M. Palmer, 'An exercise in steam car design', *Proc. Inst. Mech. Engrs.*, 1969/70, 184, Part 2A, No. 10, p. 195.

㉑ *First Conference on Electric Vehicle Development*, 1977 (Peter Peregrinus, Stevenage), *The Economic Use of Electric Road Vehicles in a Changing Envi-*

ronment, 1978 (Peter Peregrinus, Stevenage).
㉒ E. T. Bacon, 私人谈话。
㉓ E. O. Dietrich and K. Sahm, 'Operation data in Esslingen of the Duo-Bus', *Economic Use of Electric Road Vehicles*, *Conference Publication* No. 15, p. 65 (Peter Peregrinus, Stevenage).
㉔ M. S. Janota (Ed.), *Vehicle Engines*, 1974 (Peter Peregriuns, Stevenage).
㉕ 'The future of the bicycle in a modern society', *JI R. Soc. Arts*, January 1968, 116, 114.
㉖ A. H. Wickens, 'Transport has an elastic future', Institute of Fuel, Energy Brake or Break Conference.
㉗ J. King, 'Appropriate technology in ships, wind powered ships', Newcastle Conference, 1976.
㉘ K. G. Wilkinson, 'The role of advancing technology in the future of air transport', *JI R. Soc. Arts*, June 1977, p. 346.
㉙ J. E. Allen, 'Have energy, will travel', Royal Aeronautical Society, June 1977.
㉚ M. W. Thring, contribution to discussion to 'A review of precious resources and their effect on air transport', Royal Aeronautical Society Spring Convention, May 1974.
㉛ E. J. Richards, *New Scientist*, 25 July 1974, p. 189.

第 6 章　满足 80 亿人的食物与燃料需求

① Sir George Stapledon, *Human Ecology*, 2nd edition, 1971 (Charles Knight, Tonbridge, Kent).
② N. W. Pirie, *Food Resources*, 2nd edition, 1976 (Penguin, London).
③ 100 W 整年平均下来相当于每年 0.11 吨煤当量(每公斤 2,800 万焦耳)。
④ Sir George Stapledon, *loc. cit.*, p. 210.
⑤ G. Leach, *Energy in Food Production*, 1975 (International Institute for Environment and Development, London).
⑥ O. Christensen, Food Technology Report, Fourth Scandinavian International Conference on Chemical Engineering, 1977.
⑦ W. J. Chancellor and J. R. Goss, *Science*, 1976, 192, 213.
⑧ P. N. Wilson and T. Bigstocke, *Long Range Planning*, 1977, 10, 64—70.
⑨ Chapter 1 in M. Slessor, *Food*, *Agriculture and the Environment*, 1975 (Blackie, Glasgow).
⑩ R. Allen, 'New strategy for the green revolution', *New Scientist*, 8 August 1974, p. 320.
⑪ 比方说：The Second Report of the Club of Rome; Colin Judge, *The Famine*

Business, 1977 (Faber, London); G. Lean, *Rich World, Poor World*, 1978 (Allen and Unwin, London).

⑫ K. Mellanby, *Can British Feed Itself?*, 1975 (Merlin Press, London), p. 10.

⑬ J. C. Bowman, 'An agricultural strategy for the United Kingdom', *JI R. Soc. Arts*. 1977, 125, 365.

⑭ W. Williams, 'UK food production: resources and alternatives', *New Scientist*, 8 December 1977, p. 626.

⑮ W. J. Chancellor and J. R. Goss, 'Balancing energy and food production, 1975—2000', *Science*, 1976, 192, 213.

⑯ 用厌氧发酵处理动物粪便来制造甲烷，粪肥中的营养物质几乎都不会流失，因此氮、磷、钾都能重回土地。目前英国每年产生 1 亿 8,700 万吨动物粪便。这些污泥必须就近在当地工厂使用，资金成本高，且必须加热到摄氏 35 到 37 度(P. N. Wilson and T. Bigstocke, *loc. cit.*)。在墨西哥则是利用太阳能来产生这样的温度。

⑰ M. Calvin, *Sunworld*, No. 5, August 1977, p. 2.

⑱ N. W. Pirie, *Food Resources*, 2nd edition, 1976 (Peguin, London), p. 131.

⑲ J. P. Hudson, 'Food crops for the future', *JI R. Soc. Arts*, 1976, 125, 572.

⑳ O. Christensen, Food Technology Report, Fourth Scandinavian International Conference on Chemical Engineering, 1977.

㉑ N. W. Pirie, *Ioc. cit.*, p. 178.

㉒ C. P. Crossley and J. Kilgour, 'The Snail: a new cultivation system for system for small scale farming', *Proceedings of the Newcastle Conference on Alternative Technology*, 1976.

㉓ *The Chemical Engineer*, May 1977, p. 342.

㉔ H. Boyko, 'Sand-deserts and granaries of the future', *Futures*, March 1969, p. 191.

㉕ C. M. McKell, 'Shrubs—a neglected resource of arid lands', *Science*, 1975, 187, 803.

㉖ Mochudi farmers' Brigade, 'Nethouse horticulture in Botswans', *Appropriate technology*, 1973, 3, 15.

㉗ G. Leach, *Energy and Food Production*, 1975 (International Institute for Environment and Development, London).

㉘ N. W. Pirie, *loc. cit.*, p. 159.

㉙ O. Christensen, Food Technology Report, Forth Scandinavian International Conference on Chemical Engineering, 1977, p. 12.

㉚ This subject has been reviewed by C. J. Shepherd, *JI R. Soc. Arts*, 1975, 123, 807.

㉛ 'Let them ear sewage down at the fish farm', *New Scientist*, 12 January 1978, p. 70.

㉜ N. M. Kerr and K. T. Howard, 'The potential for marine cultivation in the United Kingdom', *JI R. Soc. Arts*, November 1975, 811.

第7章 工作与社会稳定

① British Association Symposium, 'Technology, choice and the future of work', see *New Scientist*, 23 November 1978, p. 592.

② John Fyfe, 'Economics and employment' *New Scientist*, 23 November 1978, p. 597.

③ Philip Sadler, 'Automation and Europe' *New Scientist*, 23 November 1978, p. 597.

④ 'Professor shows how technology will change the society' *The Times Business News*, 13 November 1978.

⑤ E. F. Schumacher, *Small is Beautiful*, 1973 (Abacus, Tunbridge Wells, Kent), p. 45.

⑥ L. King-Taylor, 'Creating an interest in work through participation' *JI R. Soc. Arts*, June 1976, 380.

⑦ David Meakin, *Man and Work*, 1976 (Methuen, London) p. 182.

⑧ W. A. Dyson, 'Towards a new work and income orientation'. Initial working paper by the Vanier Institute of the Family, Ottawa, Canada, 1 October 1976.

⑨ Ernest Braun, *Micro-electronics and Employment*, 1978 (Centre for Alternative Industrial Technology Systems, N. E. London Polytechnic, London).

⑩ E. F. Schumacher, *Small is Beautiful*, 1973 (Abacus, Tunbridge Wells, Kent) Chapter 4.

⑪ Mike Cooley, 'New technologies, whose right to choose?', British Association Conference, Technology Choice and the Future of Work, 22 November 1978.

⑫ David Foster, 'Unrest and affluence' letter to *The Times*, 30 August 1977.

⑬ Jon Volger, 'Oxfam Waste Saver project' Proceedings of the Newcastle Conference on Alternative Technology, 1976.

⑭ A. Porteous, 'Hydrolysis of domestic refuse to fermentable sugars' *Consumer waste recovery and recycling*, April 1974 (Institution of Chemical Engineers, London), Paper A25.

⑮ John Davis, 'Alternatives'. *Guardian*, 2 November 1977.

⑯ D. Elliot ('Can alternative technology create jobs?' CAITS paper)指出，英国目前的失业建筑劳工多达 25 万人，而像样住宅短缺的状况很严重，却也是全国性的。

⑰ Third Report of the House of Commons Select Committee on Science and Technology, Session 1976/77, Vol. 1, p. Li.

⑱ *Jobs from the Sun*, 1978 (California Public Policy Center, USA).

⑲ Lucas Aerospace Combined Shop Stewards' Committee, 'Dole queues or useful projects', *New Scientist*, 3 July 1975, p. 10.

⑳ Mike Cooley, 'New technologies: whose right to choose?', British Association Symposium, Technology, Choice, and the Future of Work, 22 November 1978.

第8章 医学工程

① Ivan Illich, Medical Nemesis, 1975 (Calder and Boyars, London). 他说(第 11 页):"医学机构已经成为健康的一大威胁。"

② S. A. V. Swanson and M. A. R. Freeman, *The Scientific Basis of Joint Replacement*, 1978 (Pitman Medical Publishing, Tunbridge Wells, Kent).

③ D. A. Sonstegard, Larry S. Matthews and Herbert Kaufer, 'The surgical replacement of the human knee joint', *Scientific American*, January 1978, 238, 44.

④ C. R. Hassle, 'Bioactive teeth and bone implants', *Physics in Technology*, 1978, 9, 272.

⑤ UKAEA leaflet, London, 1969.

⑥ D. W. Goodwin, *Physics in Technology*, 1978, 9, 248.

⑦ M. L. Moe, 'Rancho Arm', *CISM-IFToMM Symposium on the Theory and Practice of Robots and Manipulators*, 1973 (Springer Verlag, Berlin).

⑧ M. Vukobratovic, 'Dynamic control of anthropomorphic active mechanisms', *CISM-IFToMM Symposium on the Theory and Practice of Robots and Manipulators*, 1973 (Springer Verlag, Berlin).

⑨ V. Write, B. B. Seedhom, M. Ellis and A. Amis, 'A comparative study of the knee forces during the activity of rising from a chair without the aid of arms and by the aid of a motor riser chair', Leeds University School of Medicine, June 1977.

⑩ 'TV helps to sound the alarm', *New Scientist*, 26 January 1978, p. 221.

⑪ 'Keeping a watch on the old folk' *New Scientist*, 26 January 1978, p. 218.

⑫ A. F. Newall, 'Communication aids for impaired speech and hearing', *Electronics and Power*, October 1977, p. 821.

⑬ E. Horn, 'X-ray computed tomography', *Electronics and Power*, January 1978, p. 36.

⑭ R. Raulton and A. Shaw, 'Diagnostic ultrasound in medicine', *Engineering in Medicine*, 1978, 7, 47—50.

⑮ Ros Herman, 'NMR makes waves in medical equipment companies', *New Scientist*, 12 January 1978, p. 67.

⑯ *Englneering in Medicine*, 1978, 7, 53.

⑰ See Caroline Weinstein, 'Instruments for the care of the critically ill', *Electronics and Power*, January 1978, p. 31.

⑱ H. Wolff, lecture given to Research and Development Society, 24, January 1978.

第9章 工程师的责任

① 比方说，我们可以用大量的核电、水中的氢和石灰岩中的碳来制造石油的代替品。

② Philip H. Abelson, 'The social responsibilities of scientists', *Science*, 1970, 167, 241.

③ A. Bouloche, K. Nichter and K. Warner, *The Sciences and Democratic Government*, 1976 (Macmillan, London).

④ Lord Haden-Guest, 'Ethical problems of the scientific worker', *Nature*, 1951, 168, 1112.

⑤ *Technology and Culture*, April 1970, 11 , 241.

⑥ S. Unger, 'Codes of Engineering Ethics', *IEEE CSIT News Letter*, Issue No. 5, December 1973.

⑦ Paper presented at UNESCO Scientific and Technological Revolution Conference, Prague, 6—10 September 1976.

⑧ 'Ethics in an age of pervasive technology', Technion Institute of Technology.

⑨ Sir Ernst Chain, *Social Responsibility and the Scientist*, 1972, General Studies Project, The Schools Council (Longman, London), p. 3.

⑩ Declaration to Charles Ⅱ 1660，1660 年对查理二世的宣言，由 Dame Kathleen Lonsdale 引用在 *Quakers Visit Russia* 这本书的序里，并于 1971 年 4 月 2 日星期五刊登在《泰晤士报》上她的讣闻中。上面说："对贵格会而言，为军事训练而征兵，是对人性的冒犯。个人可能自愿参与的服务，则是良心的问题。"

⑪ David Morley, The Sensitive Scientist, 1978 (SCM Press, London), p. 77.

⑫ M. W. Thring, 'Our Responsibility to Mankind', p. 9 in E. J. Semmler (Ed.), *The Engineer and Society*, 1973 (Institution of Mechanical Engineers, London).

图书在版编目(CIP)数据

工程师的良知/(英)思林著;孙祥燕译.—北京:商务印书馆,2013
(商务新知译丛)
ISBN 978-7-100-09338-5

Ⅰ.①工… Ⅱ.①思… ②孙… Ⅲ.①科学研究工作 Ⅳ.①G31

中国版本图书馆CIP数据核字(2012)第170342号

商务新知译丛
工程师的良知
〔英〕梅瑞迪斯·W.思林 著
孙祥燕 译 潘涛 审校

商 务 印 书 馆 出 版
(北京王府井大街36号 邮政编码100710)
商 务 印 书 馆 发 行
北京市白帆印务有限公司印刷
ISBN 978-7-100-09338-5

2013年6月第1版　　开本650×1000　1/16
2013年6月北京第1次印刷　印张19
定价:42.00元